超简单的机器学习

人气讲师为你讲解AI在工作中的应用

[日]韮原祐介/著
李远超/译

中国青年出版社

图书在版编目(CIP)数据

超简单的机器学习：人气讲师为你讲解AI在工作中的应用／(日)韭原祐介著；李远超译. — 北京：中国青年出版社，2022.6

ISBN 978-7-5153-6627-2

I.①超… II.①韭… ②李… III.①机器学习 IV.①TP181

中国版本图书馆CIP数据核字(2022)第061495号

版权登记号：01-2020-7556

超简单的机器学习：
人气讲师为你讲解AI在工作中的应用

著　　者：[日]韭原祐介
译　　者：李远超
企　　划：北京中青雄狮数码传媒科技有限公司
责任编辑：赵卉
策划编辑：张鹏
执行编辑：张沣
营销编辑：韩凯旋
书籍设计：刘颖
出版发行：中国青年出版社
社　　址：北京市东城区东四十二条21号
网　　址：www.cyp.com.cn
电　　话：(010)59231565
传　　真：(010)59231381

印　　刷：天津旭非印刷有限公司
规　　格：880×1230　1/32
印　　张：6.5
字　　数：309千
版　　次：2022年6月北京第1版
印　　次：2022年6月第1次印刷
书　　号：978-7-5153-6627-2
定　　价：79.80元

如有印装质量问题，请与本社联系调换
电话：(010)59231565
读者来信：reader@cypmedia.com
投稿邮箱：author@cypmedia.com
如有其他问题请访问我们的网站：http://www.cypmedia.com

引言

如今，引起社会轰动的人工智能是由“机器学习”这一数据科学技术所支撑的。

机器学习的历史久远，可以追溯到二十世纪五十年代。但是，作为商业上产生成果的技术，机器学习的历史尚浅。因此，在最近的机器学习热潮推动下，很多企业都在为“成为AI”而努力摸索着前进。从“到底应该从事AI吗”这一根本性的疑问，到“公司内对AI的知识不够啊”“如果和外面公司合作，该委托给谁呢”“该怎样讨论，以怎样的内容签订合同，多少费用才合适呢”这样的问题，对企业来说，不懂的事情有很多。

这是一本面向对AI和机器学习的活用感兴趣的经营层、企划部门、事业部门和IT部门等从业人员的书籍。从打消“为什么现在应该努力呢”这样的疑问开始，到即便对AI和机器学习的前提知识没有了解，也能够理解“如何建立项目，怎样创造出成果”的方法论。另外，本书还介绍了以该方法论为基础，实际着手的项目课题，因此我们不仅提供基础的前提知识，也努力让读者掌握实践性的技术诀窍。

本书旨在作为咨询公司和系统开发公司等寻求外部AI支援的参考书。笔者也曾犹豫过是否要将自己的理解感悟公开到如此地步。但是，为了健全发展拥有高度专业性的新型服务市场，通过业界知识和见解分享，以及对本书内容进行热烈讨论，将会产生重大的意义。

通过本书，衷心希望能有更多的人开始真正从事AI和机器学习，并且以此作为事业的成长。

韮原祐介

目录

第2章 理解机器学习的机制 029

第3章 了解机器学习所必需的资源 061

第4章 确定项目的目标 075

第7章 实装机器学习系统 151

第1章

开拓今后业务的机器学习

机器学习作为构成AI的技术受到高度关注。在理解机器学习的结构之前，请先理解AI在社会、产业中的地位，以及着手从事机器学习的意义。

01 什么是机器学习项目

本节要点

首先，我们一起来了解AI到底是什么，以及AI与机器学习的关联性，在此基础上介绍本书的概要。本书主要面向对将AI和机器学习导入工作现场感兴趣的读者，讨论实现性内容。

引起社会轰动的AI到底是什么

关于AI（人工智能），首先应该理解的是，AI并没有技术性的定义，它只是单纯的“概念”。AI的研究者之间也没有达成一致的定义，而是将某些人类智力行为的自动化这件事统称为AI。

现如今，在社会上引起轰动的AI，是集合了处理数据的机器学习等数据科学（信息科学）的发展，以及处理大量数据的高性能计算机科学发展的结果。由于这两个技术领域的发展和大量数据的存在，使得机器对于特定的任务，会发挥出超越人类的能力。典型的事例有AlphaGo学习模拟了几百年人类棋手的海量对战经验，最终战胜了围棋世界冠军。而支撑这一技术的核心，则是“深度学习”和“强化学习”等机器学习方法，和处理大量对战数据的计算机（图表01-1）。

▶ 支撑AI的数据科学技术 图表01-1

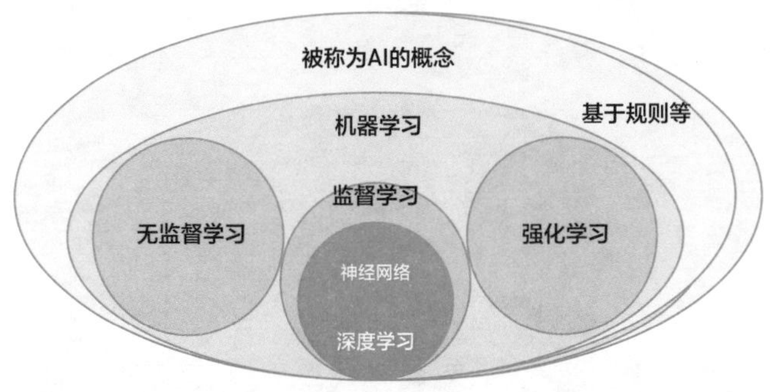

若用数据科学的语言来替换当前的AI，就是这样的包含关系。

人工智能并非超越了人类智能

现在实现的以机器学习为中心的AI，并没有拥有人类的感觉和意识。只是识别和预测特定任务，有比人类更正确的处理方法而已。尽管如此，世界各国的政府和企业都在关注AI的广泛应用，加强技术投资。

本书概要

本书关注应用到实际业务场景和商业应用的AI与机器学习，而非研究室的科学研究。并将这一系列为了取得业务成果而采取的措施称为“机器学习项目”。为了实际致力于机器学习项目，我们解说必要的知识、实践所需的经验、技术和方法论。

首先，在第1章到第3章中，我们介绍在进行机器学习项目之前应该知道的知识，理解致力于机器学习的意义和基本的框架结构。使得您可以顺利地与机器学习工程师和从事数据科学等技术职位的人员进行对话讨论。在接下来的第4章到第8章中，我们将讨论实际推进项目时的技术诀窍和方法论，对项目应该进行的作业和应该注意的要点进行解说。在最后的第9章中，通过学习笔者所涉及过的机器学习课题，加深对如何将机器学习应用于业务现场的理解。虽然市场上已经有了涉及AI和机器学习的好书，但是与它们不同，本书的定位如图表01-2所示。

▶ 已经出版的好书和本书的定位 图表01-2

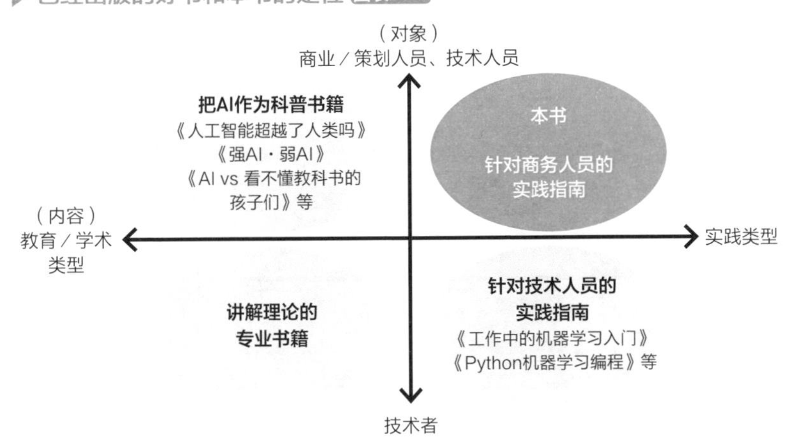

本书的重点在于非技术职位的商务人员在业务现场所需的经验技术。

[AI优先]

02 了解AI优先的时代背景

本节要点

本节旨在让读者理解从事机器学习的意义。为了这个目标，首先我们要从时代的背景来探讨现在的生活状况。

互联网和移动手机普及的世界

要从技术方面来理解现今社会是怎样的时代，首先应该知道我们居住的地球已经成为互联网和移动手机普及的世界。虽然各地区的普及率有差异，但网络已经在世界范围内普及，覆盖了全球半数以上的人口（图表02-1）。另外，根据Andreessen Horowitz的调查，手机的使用人数（SIM卡的数目）接近全球成年人口的总数，而另一方面，个人计算机（PC）的使用台数（安装）开始减少。

▶ 不同区域的网络普及率和使用人数 图表02-1

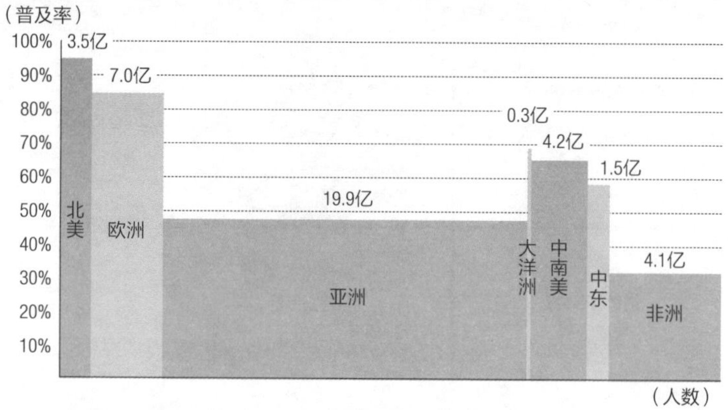

出自：笔者根据Internet World Stats (2017年12月31日)的数据作成。

网络的普及率，超过地球总人口数的五成（51.7%）。

顶尖科技公司的变迁

个人计算机不光是使用台数，连出货台数也在减少。根据IT服务管理公司Gartner的调查统计，2016年全世界个人计算机的出货量为2.697亿台，比上年减少了6.2%。如今这种移动设备增长、个人计算机开始衰退的状况，代表科技行业的顶尖公司成员也发生了变化。大约20年前，随着互联网的发展，个人计算机开始逐渐普及，代表科技产业的领先企业有微软（Microsoft）和英特尔（Intel）。操作系统（OS）使用微软的Windows、CPU使用英特尔的计算机被称为Wintel，此类计算机在行业中占主导地位。顺便说一下，在2017年，Windows操作系统在个人计算机上的占有率超过八成的情况也在持续着，大家也都有在个人计算机上看到贴着intel inside标签的情况吧。

在移动设备用户接近全球成年人口的2018年，代表科技行业的领先阵容发生了变化。大家所熟悉的Google、Amazon、Facebook和Apple四家公司（统称GAFA），在互联网和移动空间上开展事业，不仅在科技行业，在全行业都成为具有代表性的企业，市值总额排名也说明了这一点（图表02-2）。

另外，到2017年，在市值总额排行榜Top100的公司中，科技行业的数目也处于领先地位。

世界企业市值总额排行 图表02-2

20年前（约1997年12月底）

第一位　通用电气GE（制造业／美国）
第二位　可口可乐Coca Cola（饮料／美国）
● 第三位　微软Microsoft（科技／美国）
第四位　埃克森美孚Exxon Mobil（石油／美国）
第五位　荷兰皇家壳牌Royal Dutch Shell（石油／荷兰）
第六位　日本电信电话NTT（通信／日本）
第七位　默克Merck（制药／美国）
● 第八位　英特尔Intel（科技／美国）
第九位　菲利普莫里斯Philip Morris（烟草／美国）
第十位　丰田Toyota（汽车／日本）

现在（2017年12月底）

● 第一位　苹果Apple（科技／美国）
● 第二位　Alphabet（谷歌Google）（科技／美国）
● 第三位　微软Microsoft（科技／美国）
● 第四位　亚马逊Amazon（科技，零售／美国）
● 第五位　脸书Facebook（科技／美国）
● 第六位　腾讯Tencent（科技／中国）
第七位　伯克希尔哈撒韦Berkshire Hathaway（金融／美国）
● 第八位　阿里巴巴Alibaba（科技／中国）
第九位　强生Johnson&Johnson（制药／美国）
第十位　JP摩根JP Morgan Chase（金融／美国）

出自：笔者根据Bloomberg, Thomson Reuters Eikon的调查作成。

2017年12月底，美国的科技公司占据市值总额的top5。

每年7.5兆日元的研究开发费用

市值总额是指企业价值的多少。但是在今天，它并不一定能表现收益能力，而是表现开拓未来的潜力高度。例如，Amazon的净利润率在2017年度只有1.7%，比起收益能力，可以看出Amazon开创未来的潜力更高。开创未来的潜力往往通过研究开发费用能够看出。截至2017年9月，GAFA+Microsoft五家公司的每季度研究开发费用总计186.8亿美元（约2.05兆日元），到2017年9月一年的研发费用则高达682亿美元（约7.5兆日元）（图表02-3）。该金额相当于日本企业前25位的研究开发费用的总和（图表02-4）。

▶ 市值总额前五位公司的研究开发费用进展（每季度） 图表02-3

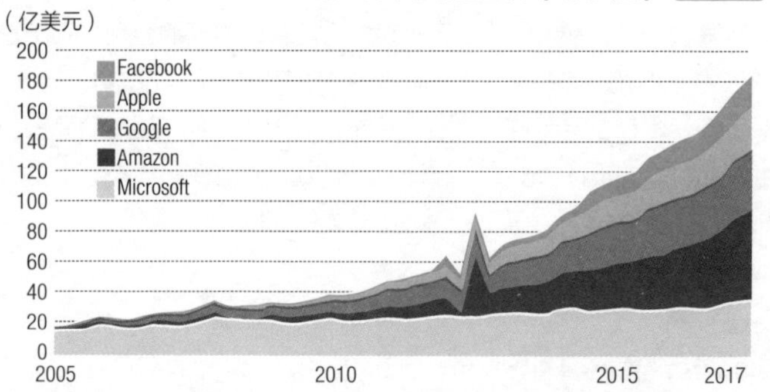

GAFA+Microsoft的研究开发费用为每年682亿美元（约7.5兆日元）。

出自：笔者根据YChart.com的数据作成。

▶ 日本企业前25位研究开发费用合计7.5兆日元 图表02-4

排名	公司名	研究开发费用	截至该排名的总计
1	丰田汽车	10 556	10 556
2	本田	7 198	17 754
3	日产汽车	5 319	23 073
4	索尼	4 681	27 754
5	松下	4 498	32 252
6	电通	3 992	36 244
7	东芝	3 609	39 853
8	武田制药工业	3 459	43 312
9	日立制作所	3 337	46 649
10	佳能	3 285	49 934
11	安斯泰来制药	2 256	52 190
12	日本电信电话	2 134	54 324
13	第一三共	2 087	56 411
14	三菱电机	2 029	58 440
15	大冢控股	2 010	60 450
16	富士通	1 798	62 248
17	富士胶片控股	1 630	63 878
18	爱信精机	1 626	65 504
19	住友化学	1 557	67 061
20	三菱重工业	1 506	68 567
21	三菱化学控股	1 384	69 951
22	铃木	1 310	71 261
23	夏普	1 301	72 562
24	NEC	1 240	73 802
25	卫才药业	1 223	75 025

（亿日元）

出自：笔者根据东洋经济在线2017年4月7日公布的数据作成。

日本超一流的25家企业的研究开发费用。

研究开发费用的用途

GAFA和Microsoft虽然打算使用巨额的研究开发费用创造出新的产品和服务，但是投资对象更关心的是，它们有AI（人工智能）和能够实现AI的机器学习技术。图表02-5和图表02-6是世界企业市值总额前5位公司的CEO在各种场合明确表示要积极致力于AI和机器学习。

Top5公司的CEO发言 图表02-5

Google CEO 桑达尔·皮查伊 （2017年5月Google I/O '17）	从移动优先转向AI优先
Amazon CEO 杰夫·贝索斯 （2016年写给股东的信）	我们现在正处在明确而又强有力的浪潮中，那就是AI和机器学习
Facebook CEO 马克·扎克伯格 （2018年2月的Facebook状态）	我们利用AI是为了能够提供更好的服务，让机器理解Facebook上所有的内容（图表02-6）
Apple CEO 蒂姆·库克 （2017年8月的决算说明会）	我们投入了巨大的资金让自主系统的大型项目运营起来，交通工具是使用这个系统的一种方式，其他还有各种各样的使用方式，这个系统就像所有AI项目的母亲一样
Microsoft CEO 萨提亚·纳德拉 （2017年的报告手册）	为了让所有开发者都能成为AI开发者、所有企业都能成为AI企业，我们将利用AI相关的能力来取得特殊的定位，使得AI民主化

出自：笔者根据各公司的公开信息作成。

Facebook CEO马克·扎克伯格描述如何利用AI改善服务 图表02-6

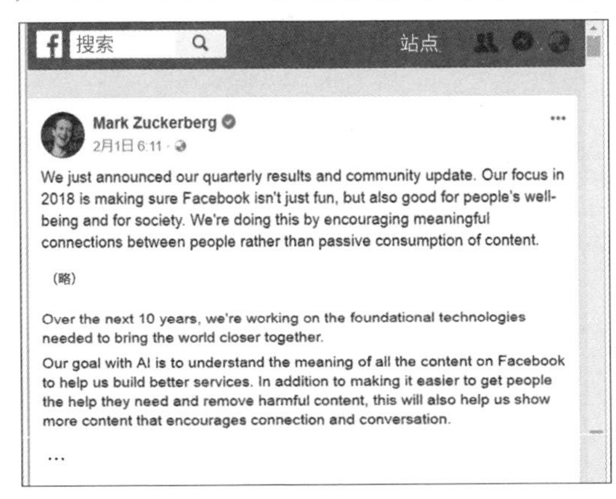

出自：马克·扎克伯格的Facebook账户。

03 从顶尖企业来看机器学习的策略

本节要点

在第02节中，我们看到了代表现今潮流的顶尖企业致力于AI和实现它的机器学习的态度。在本节中，我们将关注这些企业投入巨额研发经费推进机器学习的课题。

Google致力于机器学习的课题①——自动驾驶

Google、Amazon、Facebook、Apple和Microsoft等全球顶尖市值企业，都在致力于怎样的机器学习项目呢？我们首先从实际的课题来看看吧。

与Google公司同属Alphabet集团的Waymo公司在致力于自动驾驶方面非常有名，知道的读者应该很多吧。从Waymo的网站上我们可以看到测试自动驾驶的介绍视频（图表03-1）。驾驶席上没有驾驶员的无人驾驶汽车载着乘客，让看到的人不禁去想："人类的技术已经发展到这个地步了吗？"

▶ 自动驾驶的介绍视频 图表03-1

出自：Waymo的网页https://waymo.com/。

每周进行4万公里以上的试运行，总计560万公里的测试成果。赤道周长大约4万公里，所以相当于每周绕地球一周，并且已经绕了140周。

Google致力于机器学习的课题②——医疗·科学·艺术等

Google除了自动驾驶以外，还在各种各样的项目中应用机器学习（图表03-2）。例如其在医疗领域致力于癌症的图像诊断，成功构建了正确检测肿瘤、排除巨噬细胞的机器学习模型。

另外，在科学技术领域，为了发现太阳系以外的恒星周围存在的行星，Google在使用机器学习技术。根据学习行星经过恒星前亮度的衰减，科学家们发现了太阳系2000兆光年外存在行星的可能性。

在艺术领域，Google使用了机器学习的一种：深度学习，致力于开发绘画程序、作曲程序以及与用户一起弹钢琴的程序。

除此之外，在检索技术、垃圾邮件的分类、邮件回信的模版制作、推荐系统、翻译、图像识别等几十亿用户使用的各种Google服务中，也使用了许多机器学习模型。

Google的课题 图表03-2

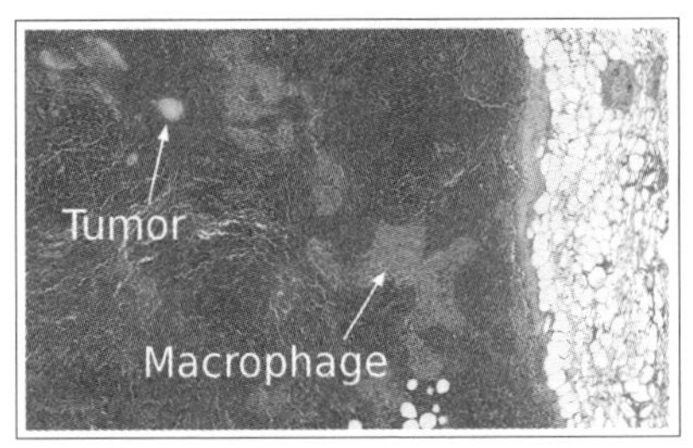

出自：Google Research Blog
https://research.googleblog.com/2017/03/assisting-pathologists-in-detecting.html.
淋巴结的检查图像。

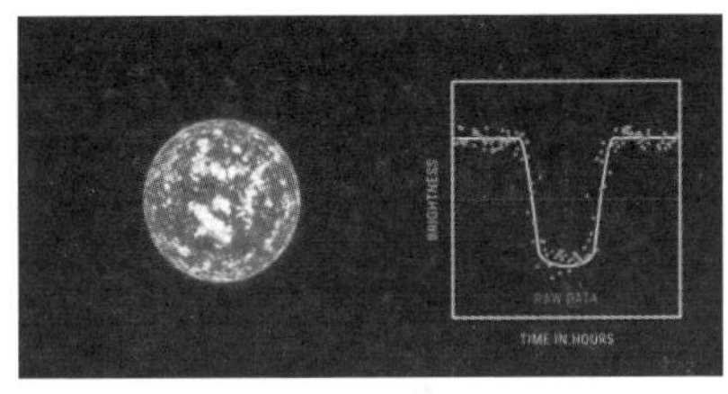

出自：Google Research Blog
https://www.blog.google/topics/machine-learning/hunting-planets-machine-learning/.
探索太阳系以外的行星。

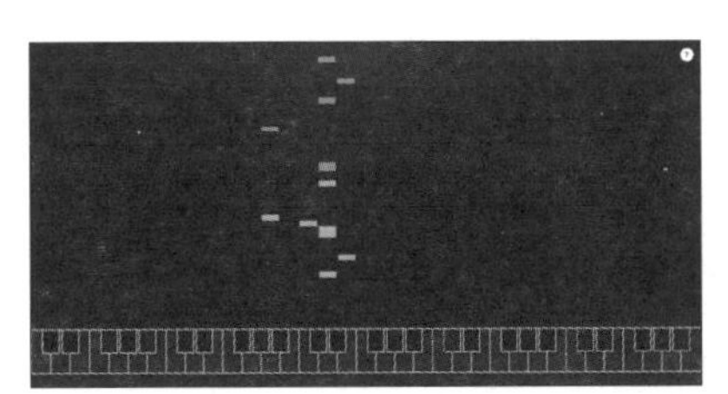

出自：A.I. Duet
https://experiments.withgoogle.com/ai/ai-duet/view/.
与用户连弹的A.I. Duet。

推进机器学习相关工作的Google Brain Team，在2017年一年内撰写了140篇论文，进行了各种各样的机器学习项目。

Amazon致力于机器学习的课题——无人配送·无人收银商店

Amazon致力于使用机器学习提高服务。例如在需求预测、检索商品的排名、商品的推荐和配置、不正当交易的检测和翻译等方面，Amazon都使用了机器学习技术。此外还有近年来特别受到关注的其他机器学习相关课题，例如使用自动飞行无人机配送商品的Prime Air和不用收银台就能够购买商品的零售店amazon go等（图表03-3）。

Amazon进行的机器学习相关课题 图表03-3

出自：Amazon Prime Air's First Customer Delivery
https://www.youtube.com/watch?v=vNySOrI2Ny8.

出自：Introducing amazon go and the world's most advanced shopping technology.
https://www.youtube.com/watch?v=NrmMk1Myrxc.

首次搬运货物的全自动无人机（左）和amazon go的一号店（右）。

Facebook致力于机器学习的课题——理解社交服务的内容

Facebook使用机器学习，旨在完全理解自家公司社交服务上的内容。不只在投稿内容的推荐，人脸和物体的检测（图表03-4），以及翻译上，都使用了机器学习，在之前的美国总统选举中也使用了机器学习检测假新闻。

Facebook的课题图表 图表03-4

图片描述：Facebook AI Research正在进行的物体检测。

出自：Facebook Research Detectron
https://research.fb.com/downloads/detectron/.

Apple致力于机器学习的课题——改善用户体验

Apple为了改善用户体验而积极采用了机器学习。比如Siri根据用户说话的声音，可以提供类似管家一样的服务。此外，Apple还在自家的其他服务，比如音乐、应用、新闻等推荐系统，以及设备的电池优化上使用机器学习。不仅如此，Apple在2017年4月从加利福尼亚州取得了自动驾驶的测试许可。图表03-5 展示了这项技术，是除了自动驾驶以外也能应用的“所有AI项目的母亲”，但是详细情况现在还没有公布。

▶ Apple的课题 图表03-5

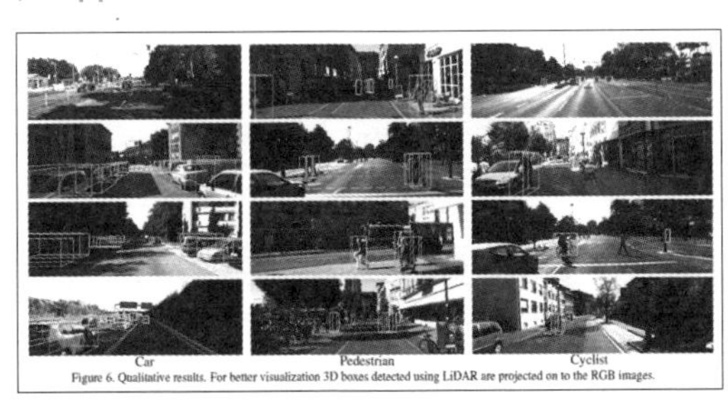

图片描述：Apple在自动驾驶中使用的图像检测技术（检测汽车、行人和自行车等）。

出自：Yin Zhou and Oncel Tuzel (2017) “VoxelNet: End-to-End Learning for Point Cloud Based 3D Object Detection”.

Microsoft致力于机器学习的课题——支持客户的企业

Microsoft通过开展云服务Microsoft Azure，支持客户企业的机器学习应用。Microsoft的客户Uber为了提高服务的安全性，使用Microsoft Cognitive Service实现了对驾驶员进行面部认证的移动应用功能。该功能通过识别司机的脸部照片，确认是司机本人，以确保乘客的安全。

顺便说一下，不仅仅是Microsoft，还有Google和Amazon也通过开展云服务，支持客户的机器学习项目。

要点 各公司提供的智能音箱

Google、Amazon和Apple等公司开发了各自的智能音箱。这些智能音箱作为生活中的助手，通过与用户对话，让生活变得更便利。2017年开始，各公司开始发售智能音箱。因为大力地宣传推广，应该有不少读者都知道吧。这些音箱将用户发出的语音转换成文字，判断文字指令的内容，然后作出反馈或者实际行为。这一连串动作的背后也使用了机器学习。

[技术进化的意义]

04 机器学习带来的冲击

本节要点

我想各位应该和我一样，也能从五家顶级企业努力转型机器学习中感受到某种可能性。基于这些事例，现在正是人类历史的转折期，下面为大家介绍“机器世界的寒武纪”这种观点吧。

计算机进化的要点

从第03中介绍的各公司的事例中，我们感受到了机器学习开拓未来的强大力量，比如一年内产生了7.5兆日元的研究开发费用。鉴于各种各样的事例，机器学习带来的技术进化中最大的要点就是，迄今为止只能处理数字的计算机，现在已经可以处理图像、视频、文字和语音。换言之，以前的计算机可以比人类的心算和算盘更快速正确地计算，而现在的计算机已经可以比人类更准确地识别图像了（图表04-1）。

▶ 人和机器学习算法图像识别的正确率 图表04-1

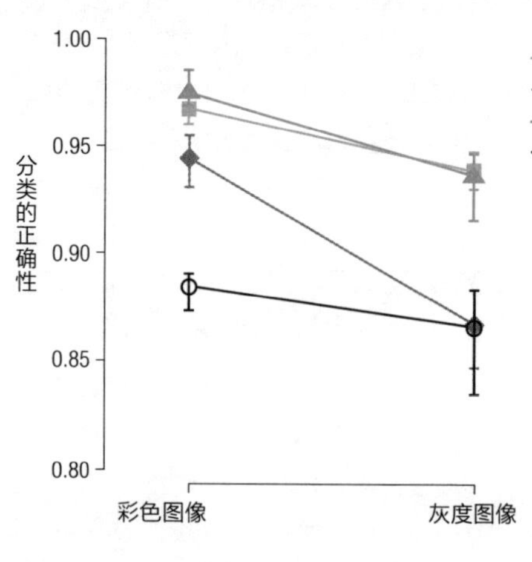

图片描述：人类和机器学习算法分别识别彩色图像和灰度图像的正确率。例如在识别灰度图像时，GoogLeNet算法和人类的正确率相同，但是在识别彩色图像时，则比人类的正确率要高。

出自：Robert Geirhos et al. (2017) “Comparing deep neural networks against humans: object recognition when the signal gets weaker”.

把现在看作机器的寒武纪

目前，计算机能够处理的数据范围像 图表04-2 那样不断扩展，产生了迄今为止没有过的各种各样的事例。以人工智能研究而闻名的东京大学松尾丰特定副教授，在2016年发表了“在机器和机器人世界引发寒武纪生命大爆发”的发言。寒武纪生命大爆发是距今大约5.42亿年到5.3亿年前，突然出现的动物的“门”现象。古生物学家安德鲁·帕克提出其原因是“眼睛的产生”。就像因为眼睛的产生，在生物历史上出现了寒武纪生命大爆发一样，机器能够发挥眼睛的功能，同样能够引发机器和机器人世界的寒武纪生命大爆发。

2018年，机器和计算机不仅具备了眼睛的功能，还开始具备耳朵、嘴巴和语言的功能，我想大家看了智能音箱的例子应该能够理解。另外，考虑到市值总额前五名公司的研究开发费用有增长的倾向，今后会产生更多类似的事例，改变着人们的生活。就像大约100年前汽车代替马车一样，如果无人驾驶能够实现，同样会给城市规划、移动空间以及人们的生活方式带来巨大的变化。

▶ 计算机处理数据的进化 图表04-2

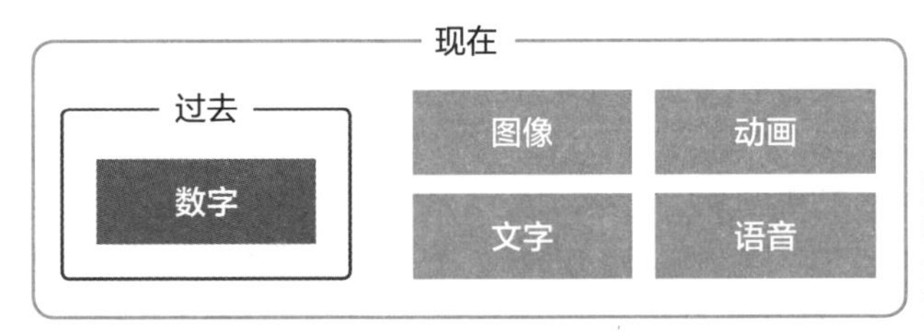

图片描述：只会处理数字的计算机逐渐进化为能够处理图像、动画、文字和语音。

把现在比作寒武纪（也可以理解为第四次工业革命）。在之后的第06节中，我们将介绍日本政府关于第四次工业革命的举措。

05 了解机器学习受到关注的原因

本节要点

得益于机器学习，计算机的世界实现了巨大的进化。在本节中，我们将通过事例和数据，介绍机器学习被广泛关注的背景。

机器学习受到瞩目的契机

机器学习受到瞩目大约是因为两件事。第一件是在图像识别技术的全球竞赛（ILSVRC: ImageNet Large Scale Visual Recognition Challenge）上机器学习的一种方法——深度学习（第17节），实现了图像识别精度的大幅提高（图表05-2）。在ILSVRC上，全世界各大企业和大学的研究员们互相竞争，用机器学习算法识别给定的图像，力求最低的错误率。过去的50年中，最低的错误率大约为26%，而某支使用了深度学习的队伍，一下子将错误率从26%降低至15%。从此，ILSVRC的错误率不断降低（图表05-3）。

第二件是谷歌旗下的DeepMind开发的AlphaGo于2016年击败了围棋世界冠军李世石（图表05-1）。AlphaGo不仅使用了深度学习，还采用了强化学习（第13节）这一机器学习方法。

▶ AlphaGo对战李世石棋手 图表05-1

图片描述：AlphaGo于2016年3月15日，击败了当时世界第一的李世石棋手。
出自：https://qz.com.

▶ ILSVRC的出题图像 图表05-2

出自：https://cs.stanford.edu/people/karpathy/ilsvrc/.

图片描述：不仅仅是单纯的“狗”和“猫”的识别，甚至要在众多金毛猎犬图像中区分其具体种类。斯坦福大学的Andrej Karpathy（博士研究生）看了图像后再进行分辨，才达到了5.1%的错误率，更不用说很多并不了解金毛猎犬具体种类的普通人。

▶ ILSVRC错误率的推移 图表05-3

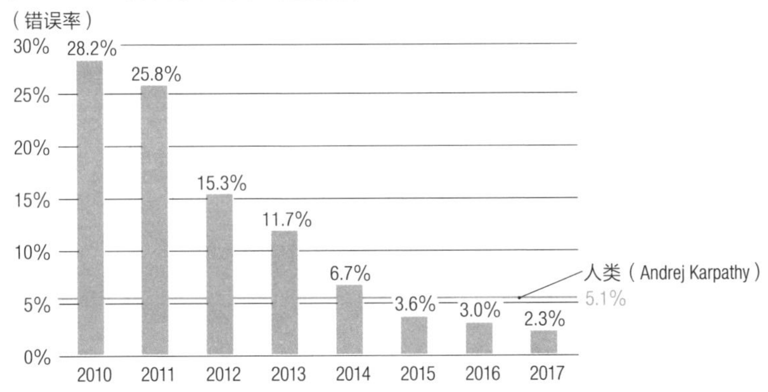

出自：笔者根据ILSVRC的数据作成。

图片描述：Andrej Karpathy的错误率为5.1%。

2012年取得ILSVRC冠军的是多伦多大学乔弗里·辛顿名誉教授的团队。辛顿教授现在在Google进行各种机器学习的研究，领导位于多伦多的Google Brain团队。

为什么机器学习能发挥效果

机器学习在特定任务上发挥的效果超过了人类的能力，为什么会出现03节中介绍的各种应用事例呢？在 图表05-4 中我们列举了四个原因。

第一个原因是“算法的进化”。由于深度学习和强化学习的各种方法被开发，机器学习的算法实用效果很高。第二个原因是“数据量的增长”（图表05-5）。机器学习需要大量的数据，而随着互联网的发展和传感器数量的增加，用于机器学习的数据量持续增长。第三个原因是“计算资源的进化”，使得计算机的处理能力有了显著提高（图表05-6）。第四个原因是“算法、数据、计算资源可利用性的提高”。由于开源库的存在，算法实现的门槛降低了，ImageNet之类的数据集也越来越多，高性能GPU和TPU等计算资源也在被不断开发。而且，这些资源在云端同样能够使用，便利性也得到提高。

▶ 机器学习能发挥效果的原因 图表05-4

原因	说明
算法的进化	· 深度学习和强化学习等应用性和可用性高的机器学习方法不断进化
数据量的增长	· 随着互联网的发展和带宽的增加，图像、视频、语音和文字等各种数据都在增加 · 由于企业业务的系统化和传感器的普及，各种类型的数据量都在增加
计算资源的进化	· 由于计算机的处理能力显著提高（超级计算机的处理能力，GPU、TPU等的开发和普及）
算法、数据和计算资源可利用性的提高	· 通过开源库和Tensorflow等工具，可以简单地使用机器学习和深度学习的算法 · 配备了各种数据源，便于准备用于机器学习的数据 · 由于云服务的普及，高性能的计算资源可以低价使用

一年产生的数据量 图表05-5

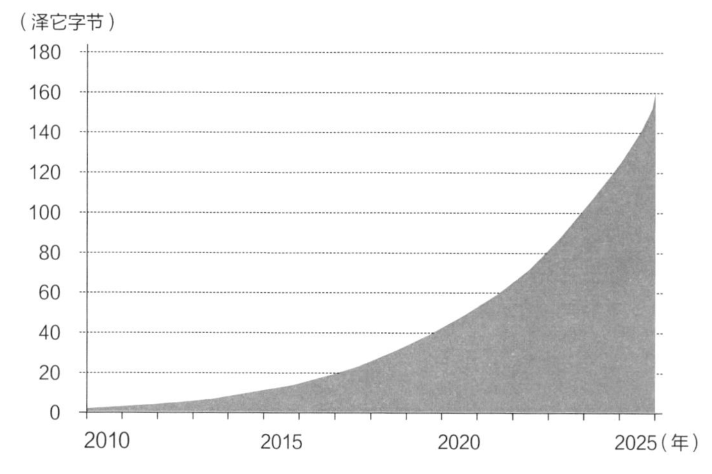

出自：IDC *IDC's data age 2025*（2017年4月）。

图片描述：全世界的数字数据量预计将呈指数增长（2017年的20泽它字节，到2020年成倍增加，到2025年将达到8倍）。

超级计算机的性能 图表05-6

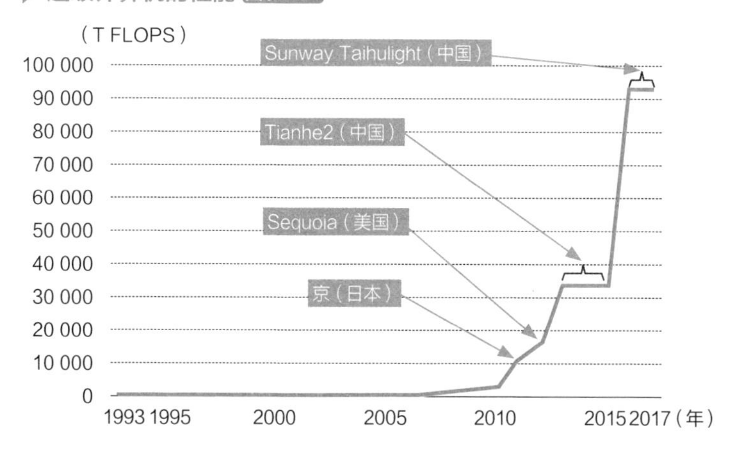

出自：笔者根据https://www.top500.org作成。

图片描述：计算机的处理能力也在指数提高，近年来中国领先世界。

[第四次工业革命]

06 作为国家成长战略的机器学习

本节要点

日本政府认为人工智能相关技术带来的产业和社会结构的变化是第四次工业革命。让我们来详细了解一下已经成为国家战略中心的AI和机器学习的相关措施吧。

致力于“怎样活用实时数据”的日本

在之前的介绍中，我们就世界市值总额前五公司的机器学习动向进行了调查。虽然尚未有这些巨额的研究开发投资和尖端事例，我们还是将目光转向日本的努力。虽然在网络数据平台化方面落后于世界，但是日本政府通过健康信息、行驶数据、工厂设备的运行等现实世界的数据，将获得平台优势作为目标。从2016年到2017年，作为国家政策，日本政府制定了面向未来人工智能相关领域的投资战略。到2018年，为了更容易进行试验，日本政府制定了关于试验环境（Sandpox）的立法化方针。

图表06-1可以看出，从2016年4月安倍首相提出制定“人工智能的研究开发目标和路线图”开始，在不到两年的时间里，强化人工智能的相关措施成为日本国家战略的中心。图表06-1只是概要，读者要想全面了解，推荐浏览内阁官方主页上公开的文件。

政府文书中很多地方并不是用“机器学习”一词，而是用“人工智能相关技术”一词，可以理解为机器学习是中心。总务省《信息通信白皮书平成二十八年版》指出，从2000年以来，人工智能爆发的背景是机器学习的实用化和深度学习的出现。

日本政府关于AI相关战略概要 图表06-1

时间	会议	发言·记载的内容
2016年4月12日	第5次“未来投资官民对话”	·“本年度内制定人工智能的研究开发目标和产业化的路线图。为此，集合了产业界、学界和政府的智慧，没有纵向划分地建立了‘人工智能技术战略会议’。”（安倍首相）
2016年6月2日	“日本复兴战略2016”内阁会议决定	·“主导今后生产性革命的最大关键是活用IoT、大数据、人工智能、机器人传感器等突破性技术的‘第四次工业革命’。”（第2页） ·“我国在第一幕的网络空间产生的‘虚拟数据’平台上落后了。然而，第二幕的健康信息、行驶数据、工厂设备的运转数据等‘实际数据’具有潜在的优势。我们要超越现有企业的界限，以在第二幕的‘实时数据’中获得平台优势作为目标。”（第2页） ·“特别是第四次工业革命中，胜负的关键是人工智能相关领域。竞争领域正在围绕制造现场等日本拥有强大实力的实时数据展开战斗，所以我们仍有胜机。我国如何利用人工智能相关技术和现实商业领域的技术优势，挑战第四次工业革命呢？今后几年就是胜负的关键。如果不排除产业界、学界和政府的纵向分配，不认真努力的话，我国就没有未来。你们是否会有这样的危机感呢？我国的命运就在此决定。”（第23页）
2017年3月31日	人工智能技术战略会议“人工智能的研究开发目标和产业化的路线图”汇总	·展示到2030年为止，长期人工智能产业实施的主题和时间轴 http://www.nedo.go.jp/content/100862412.pdf
2017年6月9日	“未来投资战略2017”内阁会议决定	·“实现中长期增长的关键是，将近年急剧发生的第四次工业革命［IoT、大数据、人工智能（AI）、机器人、共享经济等］的创新纳入所有产业和社会生活中，解决各种各样社会课题的Society 5.0。”（第1页） ·“应该选择和集中发展重点的‘战略领域’。……将健康寿命的延长、移动革命的实现、下一代供应链、舒适的基础设施和城市建设、FinTech五个领域作为中心，集中投入我国的政策资源，促进未来投资。”（第3~4页）
2018年2月6日	“关于强化产业竞争力的实施方案”内阁决定	·“大力推进跨政府Society 5.0，实施一元体制的构建，对于项目型和区域限定型的试验环境，广泛接受国内外民间经营者的提案，谋求战略合作。”（第14页）

出自：笔者根据各类政府报告资料作成。

07 日本企业AI对策实况

本节要点

现在日本致力于AI的企业不超过半数，投资规模也比较小。考虑到日本企业和其他国家的体制差异，可以说仍然有很多机会。

日本企业AI对策的落后

到目前为止，我们就世界市值总额前五家公司的动向，以及日本政府的动向进行了调查。关于日本企业的对策，将与各国进行对比。独立行政法人信息处理推进机构（IPA）于2017年3月对上市企业进行的调查显示，在美国，超过七成的企业对AI做出了“正在努力，或者正在研究和制定对策”的回答。而在日本，这一回答停留在半数以下（图表07-1）。我们可以得出日本政府在“最初阶段已经落后”这一结论。

虽然存在企业对AI的定义不同的可能性，但是作为以机器学习为中心的人工智能相关技术的对策，调查结果并没有大问题。

▶ AI对策的状况 图表07-1

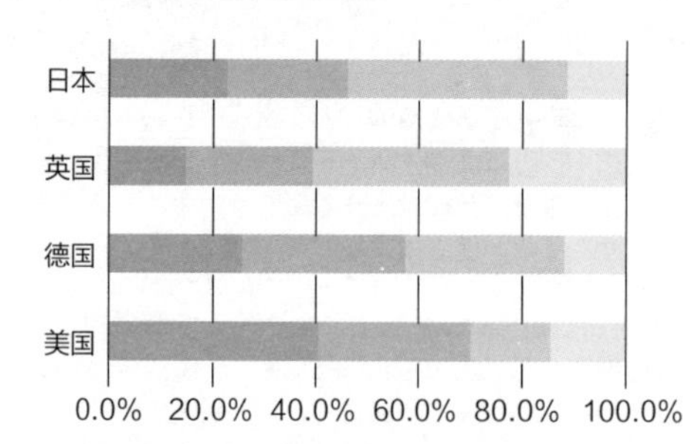

出自：独立行政法人信息处理推进机构“AI白皮书2017”。

小规模的AI投资

图表07-2 列出了平均每家公司对AI投资规模的数据。日本在2016年为1.3亿日元，与美国的21.9亿日元相比，大概只有十七分之一。日本大多数企业对AI投资目前还停留在小规模的程度。

▶ 平均每家公司对AI的投资规模 图表07-2

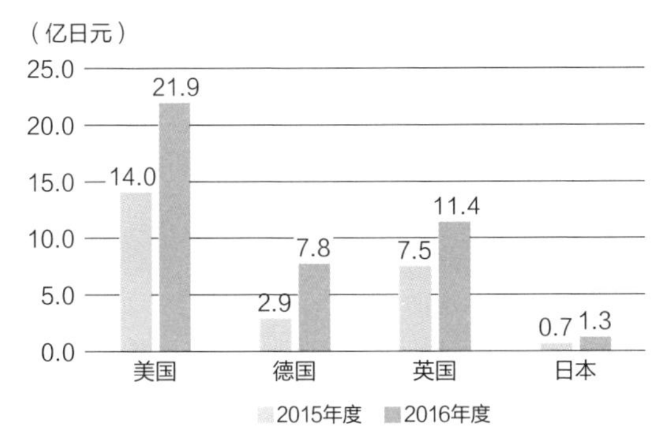

出自：独立行政法人信息处理推进机构“AI白皮书2017”。

AI相关市场规模可预见的较大增长

根据富士奇美拉综合研究所的数据，2015年，AI相关产品和服务在日本国内市场的规模大约为1500亿日元，预计2020年能增长到约1.002兆日元，2030年约2.12兆日元（图表07-3）。虽然现在的投资规模很小，但是可以预计，将来会和海外一样进行大规模投资的企业的数目会增加。

▶ AI系统・服务的市场规模 图表07-3

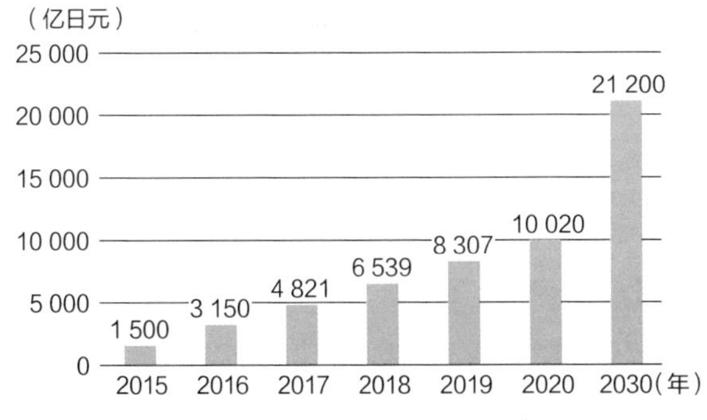

出自：独立行政法人信息处理推进机构“AI白皮书2017”。

08 AI·机器学习所需人才状况

本节要点

想要致力于AI和机器学习的最大难题是人才不足。今后，我们将继续关注产业界、学界、政府在培养必要的AI人才方面的方针。

"人才不足"的状况

与第07节介绍的"IPA进行的调查"一样，该调查发现，日本企业在致力于AI的课题中，过半数的企业都列举了"人才不足"，见图表08-1。学习过统计和数学，并受过系统性分析训练的大学毕业生人数在日本本来就很少，所以在AI和机器学习方面，日本的人才不足对企业来说是今后最大的枷锁。

▶ AI对策的状况 图表08-1

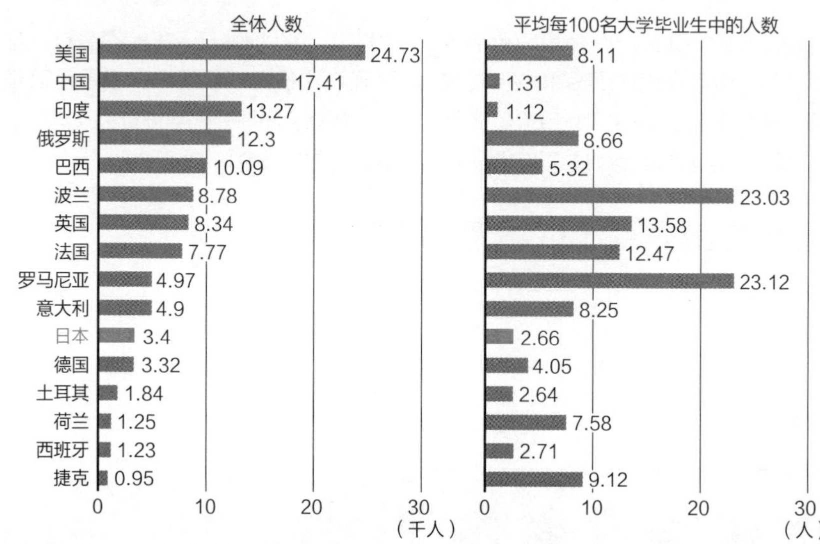

出自：McKinsey Global Institute *Big data: The next frontier for innovation, competition, and productivity* (2011 June).

人才缺口到底有多大

虽说人才不足是一个问题，但是到底缺多少呢？反过来说，还要多少就够了呢？06节中提到的人工智能技术战略会议指出，大数据、IoT和人工智能相关的“尖端IT人才”不足的人数在2020年大约达到4.8万人（图表08-2）。

▶ 尖端IT人才的人数推断 图表08-2

	2016年	2018年	2020年
潜在人员规模（a+b）	112 090人	143 450人	177 200人
现在的人才数目（a）	96 900人	111 950人	129 390人
现在的不足数目（b）	15 190人	31 500人	47 810人

出自：人工智能技术战略会议“人工智能研究的研究开发目标和产业化的路线图”（第10页）。

商务人才的存在也很重要

关于把机器学习作为推进项目的必要一环，我们在第5章会详细介绍。但是和尖端IT人才一样，拥有商务领域知识和技能的人才也很重要。在美国，这样的商务型人才在2017年到2026年的10年间需要200万到400万人［数据来自McKinsey Global Institute Age of Analytics: Competing in a data-driven world (2016 December)］。在日本，商务型人才的培养也很受重视。东京大学的松尾丰特定副教授作为理事长，在2017年10月设立的“日本深度学习协会”，旨在2020年前培养10万名拥有深度学习知识并能够活用在事业中的人才（Generalist）。该协会已经开始了知识层面的培养活动，于2017年12月进行了第一次的Generalist检定（G检定）。

另外，经济产业省和厚生劳动省开始对民间的相关课程进行认定，并开始完善支援部分课程的制度。关于具体的内容，我们在45小节会有介绍。

09 从事机器学习产生新的价值

本节要点

本节将根据本章所解说过的内容，对企业和个人现在致力于机器学习的意义，阐述笔者的见解。不论职位和立场，现在专心于机器学习是好时机。

截至本节的课程总结

在详述从事机器学习的意义之前，首先让我们进行简单的回顾，对本章做一个总结（图表09-1）。

第1章内容总结 图表09-1

GAFA的起势	随着互联网和移动手机的全球普及，近10年来，Google、Amazon、Facebook和Apple等新型科技企业（以大写字母为缩写的GAFA）逐渐兴起
巨额的研究开发费用	GAFA加上Microsoft这五家公司，在2017年末的时候占据了世界市值总额的前五名，五家公司合计每年投入7.5兆日元的研究开发费用，推进了机器学习多方位的进展，取得了重大成果
完备的机器学习使用环境	在机器学习事例日渐丰富的背景下，除了算法、数据量和计算资源各自的进化外，还包括更容易使用的机器学习环境
日本的发展战略	日本政府希望抓住第四次工业革命的机会，将机器学习和人工智能作为发展战略的中心，关注实时数据，大力推进战略投资和人才培养
人才不足的状况	另一方面，在日本企业还处于落后的状况下，人才不足成为一种枷锁，这需要产业界、学界和政府一同快速培养人才

致力于机器学习的意义①——事业成长和业务效率化

基于AI和机器学习的现状，作为企业，现在致力于机器学习的意义是，有能够获得作为先行者的利益，这一利益可以说是业务的改善和事业成长的目标。虽然在利用网络积累数据等措施上落后了，但是笔者认为，日本政府战略所描绘的活用医疗信息、驾驶数据、工厂设备等现实世界数据，依然能够带来胜机。

关于新事业

虽然事例还很少，但丘比公司※已经使用了现实世界数据和深度学习。我们来介绍一下这家公司的事例。

丘比公司使用深度学习的自动化，代替了原本人为进行的食品原料检查工作。一条流水线大约有一百万个原料，人工检查需要集中高度的注意力，非常困难。虽然丘比公司已经讨论了多年想要机器化，但是出现了很多问题，一些现有的技术难以检测出劣质产品。在使用了深度学习来检查原料之后，立刻取得了超过人为检测的实验结果。根据媒体的报道，“丘比公司将针对各种商品原料开发深度学习系统，并且不仅是自家公司的工厂，在原料供应商的工厂中也将导入这些系统”。早早地使用机器学习，不仅提高了公司的业务效率，改善了商品品质，更开拓了新的事业应用场景。

※信息来源于Youtube上公开的丘比公司负责人在Google Cloud Next'17上的演讲内容，以及IT取材报道“丘比，使用机器学习检测不良原料，《活用现场力的AI》第1章”。

丘比公司的事例说明了，哪怕不是在互联网以及移动网络世界，日本公司将现实世界作为主战场，也能使用他山之石取得成功。利用现实世界而非虚拟世界的数据，日本企业也有充分的机会可以成功。

致力于机器学习的意义②——新的收益源

像丘比这样，作为企业致力于机器学习的意义不仅在于本公司业务和服务的改善，还在于能够面向拥有同样课题的其他公司的服务，创造新的收益源。相反，如果现在不采取措施，就像在互联网和移动网络的世界里落后一样，在现实世界中也不得不加入其他公司的生态系统。

这一点在政府文书中也有记载，“时代正在发生很大的变化。是在变革的危机中寻找新的成长目标，还是落后世界领先企业？日本现在处在历史的分界点”。正如“日本复兴战略2016”里这句话所说，政府有着强烈的危机感。

致力于机器学习的意义③——对于个人的意义

不仅仅是企业，对个人来说，从事机器学习也非常有意义。人才不足这件事，已经不是新闻了。

不仅仅是工程师、程序员、数据科学家等技术类人才，今后对能够从商业角度设定课题，与顶尖IT人才合作解决课题的管理者也会有越来越多的需求。如果把近10年来美国对这种商务型人才的需求粗略换算成日本的情况，日美的GDP比是50万到100万人，劳动人口比是80万到170万人。即便不从事技术岗位，个人从事机器学习也有很大的意义。

如今第四次工业革命所需要的人才，正是能够使用机器学习实现AI课题的数据科学家和机器学习工程师，以及能够设定商业课题和技术人员合作的“AI商务专业人员”这一新的岗位。

今后，AI相关的技术将继续发展，这时媒体所煽动的不会是“AI和人类的对战”，而是“能够使用AI的人和不会使用AI的人的对战”。为了使读者尽早掌握机器学习知识，我们在之后的章节中会提供必要的知识讲解。

转换期正是机会

“机器vs人类”这样的对立，过去人们也害怕过科技的进化。但是科技进化的结果都是社会得到了发展，新的工作种类被创造，人们的生活水平也得到了提高。实际上，笔者自己现在在对接的客户，就正在为了新的机器学习项目开始雇佣新的职位，而这些新职位成员的加入也为公司带来了全新的面貌。现在正是第四次工业革命期，无论是个人还是企业，都能从中得到很多好处。

“革命”根据字面的意义，虽然说是主权发生了变化，但在AI（机器学习的技术）和数据活用的战场中，取得这样主权的机会无论对谁都是平等的。但是，必须制定战略和战术，并拥有基本知识，才能努力使事业成长。从第2章开始，我们将通过细致的讲解，使读者正确理解机器学习需要解决的课题，以及如何实现它。

要点　伴随科技进化诞生的新工作

1811—1817年，第一次工业革命时期，英国发生了工人破坏机器的“卢德运动”。但是，正因为工业革命，蒸汽机和铁路被发明出来，列车员和车站工作人员等新的工作诞生了。在20世纪初，虽然由于汽车开始普及，驾驶马车的工作逐渐消失，但也出现了司机、汽车商人、维修工、加油站经营者等新的工作。

还有其他一些科技进化促进就业的例子。在20世纪70年代的美国，当银行使用自动柜员机时，银行高管认为自动柜员机可以减少银行员工（出纳员）的数量。然而实际情况是，每一家门店所需的员工人数确实减少了，可是由于自动取款机的普及，门店也相应增加了，因此员工的总人数反而增加了。同理，20年前并没有现在的博客主、移动应用程序开发人员或无人机操作员这些工作职位。所以，科技的发展以及随之而来的产业和人们生活的变化，会使新的就业机会被创造出来。

专栏

如何在信息爆炸中获取正确的信息

一些著名的AI研究员曾经明确指出，“因为基于现代的机器学习，所以超越人类智慧的奇点是不可能发生的”。但也有一些媒体报道说，“AI会成为神”，“当奇点来临后就没有人类能做的事情了，所以我们只会领最基本的工资”。有些人讽刺这类空口无凭的报道为“AI诗歌”，意思就是它们是全凭想象的产物。我希望读过本书的读者不会被这类AI诗歌所骗，能够搜集正确的信息。与AI和机器学习相关的行业正处于动荡之中。因此，我想介绍一些我在实践中使用的搜集信息的技巧，以正确获得不断更新的最新知识。

首先，我觉得很难从日本的报纸、电视和网络媒体获得最新和正确的信息。因为这些信息都仅限于记者和编辑的认知。如果读者阅读英语没有障碍，推荐看看硅谷风险投资公司Andreessen Horowitz和咨询行业的智囊团——麦肯锡全球研究所（McKinsey Global Institute）发布的报告和博客。这些组织善于提供第一手信息。同时，读者也可以看看国外著名AI研究人员的社交网络！例如，在Facebook AI Research担任主管的Yann LeCun，就会在他Facebook的帖子中发布关于美国的AI研究现状。

即使在对AI专业人士的采访报道中，也会出现让人眉头一皱的低质量内容。所以本专栏介绍一些日常应该看看的可靠信息源，掌握判断信息质量的能力。

第2章

理解机器学习的机制

本章将解说在商业应用中，应该掌握的最基本的机器学习机制。

10 什么是机器学习

本节要点

机器学习是20世纪50年代开始出现的技术。由于近几年的AI热潮，无论是大企业还是小型创业公司，都受到全世界的关注。我们首先应该理解机器学习是什么样的技术。

从数据中找到模式和规则的方法

关于什么是“机器学习”，想必大家一定听过“AI不可缺的技术”和“深度学习有关的技术”等说法。如果是这样的话，可能对机器学习有一定的了解，但是却未必理解其本质。

机器学习简单来说就是“让机器自己发现数据化的模式和规则的机制”。这里所说的模式和规则，类似于“休息日比工作日的客人多”“女性比男性更喜欢购买某些商品”或“以前购买过A商品的人更可能购买B商品”这样的概念（图表10-1）。这种让机器从数据中发现模式和规则，来进行人类的判断的行为，就是机器学习的主要目的。

▶ 提取模式和规则的概念图 图表10-1

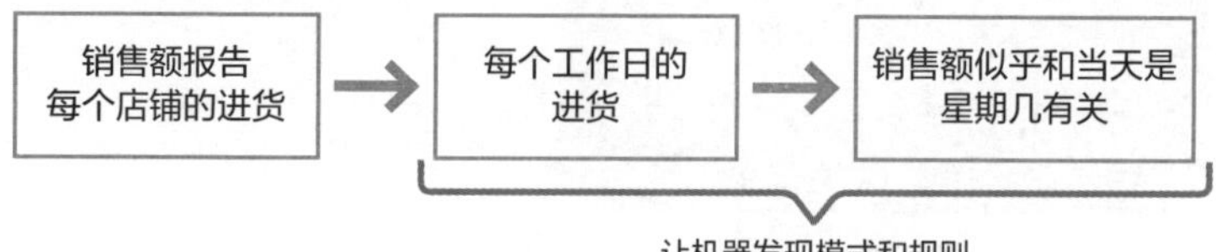

通过机器学习来自动提取模式和规则，可以有效地进行人类的判断和决策。

机器学习的主要用途是“识别”和“预测”

“识别”和“预测”是机器学习的常见用途。识别是指在存在已判断数据（带有“狗”标签的图像）和未判断数据（没有标签的图像）的情况下，正确识别未判断数据的任务。例如，存在狗的图像带有标签“狗”和猫的图像带有标签“猫”的数据，机器学习这样的图像后，可以在没有标签的图像上自动添加上“狗”或“猫”标签。预测是指根据过去的数据，来预测将来的数据（比如将来的销售数量）的任务。

除此之外，我们根据相似的产品和用户的数据特性，可以将他们“分类”。根据购买同样商品的用户拥有相似喜好的假设，系统可以将该商品推荐给更多相似的用户，这样的功能称为“推荐系统”。还有，在游戏中，根据什么情况做出什么行动这样的“战略学习”等，都可以利用机器学习。

机器学习的识别·预测精度并非100%

机器学习从数据中获取有效的模式和规则，并进行高精度的识别和预测是非常重要的。然而，不管如何识别和预测有效的模式和规则，都无法达到100%的精度。观察到的数据通常具有不同的变化，具体取决于观察的情况和时间。例如，即使在同一家商店销售相同的产品，每天的销售额也会不同。即使同一个人购买相同的产品，该时刻的销售额也会不同。此外，在图像识别中，还存在人类自身也无法识别的图像。因此，存在像这种从数据中观测不到信息或者数据本身就存在暧昧性的情况（正常数据包含噪声或者人为添加标签时导致的暧昧性和不确定性），机器学习的识别和预测结果和实际结果会有所不同。

机器学习的输出和实际结果之间的差异被称为“误差”。减小这种误差是机器学习的主要课题，但误差减小到哪种程度也很重要。特别是在商业中使用机器学习时，要确定是否能容忍这样的误差，误差是否会影响目标的达成。如果无法再减小误差能否保证系统的安全性，这些判断非常重要。

[基于规则]

11 基于规则和机器学习的区别

本节要点

根据人为制定的规则来提高工作效率不叫机器学习，而是“基于规则”。本小节我们一边比较机器学习和基于规则的不同，一边考虑机器学习能够发挥优势的条件。

基于人为制定的规则来提高工作效率的机制

在现实生活中，人们经常根据知识和经验来制定规则，并从数据中找到模式。

例如，上节课说到的商品问题，进行半价优惠的时候，销售量会增加。根据这个事实预测如果下次进行同样的优惠，销售量也会增加。或者在看销售报告的时候发现每周特定的一天销售数量会增加，那么就能够判断以后每周的那一天商品的销售量会增加。

像这种根据“在这种情况下这样做”的人为规则来实施判断，就叫作基于规则。

基于规则非常灵活，容易理解，且容易控制精度。但是规则多了就会变得难以控制，并且存在人注意不到的模式难以纳入规则之中的不足。我们通过图表11-1 来总结一下机器学习和基于规则的区别。

▶ 机器学习和基于规则的比较 图表11-1

	机器学习	基于规则
概要	从数据中找到规则	人为决定规则
优点	根据数据的特征，通过算法和数学依据，找到规则	· 制定不言而喻的规则非常简单 · 可以通过组合多个规则来制定复杂的规则
缺点	· 如果没有一定的数据，就找不到对识别和预测有帮助的规则 · 对于课题和数据需要选择合适的模型和算法	· 规则的维护很麻烦 · 无法制定超出人类认知的复杂精细的规则

利用机器学习提取模式和规则

机器学习的基本流程是，先准备数据，这是用来发现模式和规则的基础，然后使用机器学习算法构建“模型”（图表11-2）。所谓“模型”，就是用公式来表现模式和规则。“机器学习算法”就是为了构建“模型”而进行的一系列数学运算。机器学习的目标是构建表现现实因果和相关结构的“模型”，因此各种“算法”被开发出来（我们将在16节中解说）。

模型获得的模式和规则由输入的数据和选择的算法所决定。这虽然也有人为能解释的简单情况，但也有人为无法解释的复杂情况。和基于规则不同，机器学习不一定能得到和人类直觉一致的规则，但是通过组合各种复杂的条件，有可能能够进行高精度的识别和预测。但是，为了进行高精度的识别和预测，需要使用适当的数据和算法，所以需要有关模型构造和学习算法的专业知识。

▶ 利用机器学习构建模型的过程 图表11-2

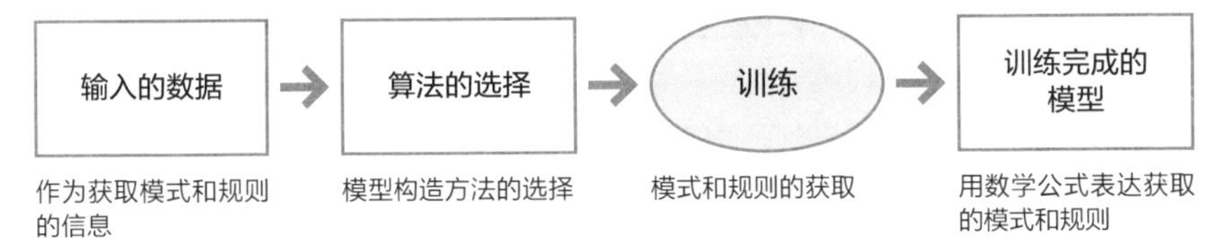

基于规则和机器学习结合使用

机器学习和基于规则，并不是只能选择一种，我们可以将两者结合起来使用。

“对于某些明显并且几乎无变化的情况，应该使用基于规则”，“对于需要设定复杂规则的情况，应该使用机器学习”。比如制定一个房间是否舒适的规则：“气温不在22摄氏度到28摄氏度之间”是不舒适的，这是基于规则决定的。但是在实际情况中，即使气温在22摄氏度到28摄氏度之间，我们还要考虑湿度和风力等因素，并且利用调查问卷来收集人们对舒适的考量，最后利用机器学习判断是否舒适。这就是结合使用基于规则和机器学习的方式。

数据对发挥机器学习的优势很重要

想要发现有利于机器学习的模式和规则，数据至关重要。无论算法有多好，如果数据不够好，也很难得到想要的结果。

图表11-3 列举了三条实现目标结果所需的数据条件。

首先是“足够的数据量”。如果数据量过小，就无法获得可靠的结果。例如，要想预测一个月后的销售额，仅凭上周和本周的数据发现有增长的趋势，就会过早地认为一个月后的销售额也会增长。

其次是“获取用于识别和预测的准确数据”。如果想识别猫和狗，就不能没有猫的数据，否则无法进行正确的识别。同样，如果想预测哪些人可能购买某种特定产品，只获取已购买用户的数据是无法进行正确的预测的，未购买用户的数据同样必要。

最后，“数据中包含解释现象的必要因素”也很必要。例如，有些商品根据气温的变化会变得更好卖，如果数据中不包含气温信息的话，就找不到与气温相关的规则。

另外，从提高精度的观点来看，数据并非越多越好。一般来说，数据越多，训练模型的时间就越长，噪声数据也越多，精度就越低。由于不同算法的训练速度不同，对噪声的抵抗性也不同，所以选择合适的算法对于发现规则非常重要。我们会在第16节解说算法的特征。

▶ 进行数据学习所必需的数据条件 图表11-3

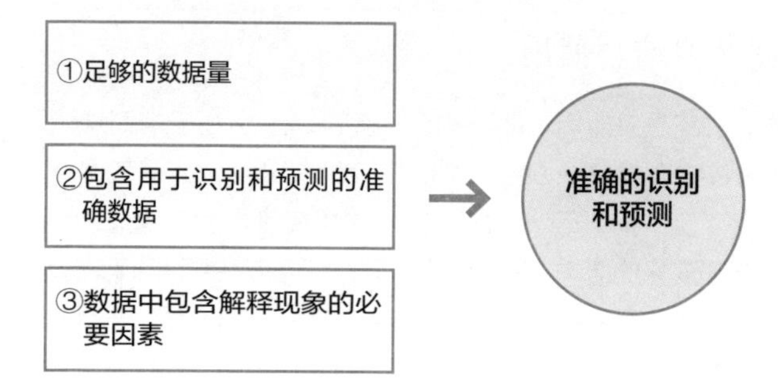

不适合使用机器学习的情况

机器学习不是万能的工具，因为原本就存在着无法预测的现象。比如掷骰子之后的数字会是多少，无论收集多少数据都难以预测。

机器学习之所以能够输出现象背后的结果，主要原因是其能够在获取合适的数据时发挥作用。反之，在现象非常复杂或者在无法获取足够解释现象的数据的情况下，机器学习难以取得精度高的识别结果（图表11-4）。

难以预测的代表性事例就是地震。地震发生的机制虽然在一定程度上已经被阐明了，但是由于难以准确获取地下的信息，我们至今仍难以准确预测地震的发生。

同样的例子还有畅销商品的预测和高额消费顾客的预测。畅销商品的产生机制非常复杂，比如时代背景和用户嗜好的变化，以及难以定量观测和提前预测的用户评价。另外，顾客的高额消费都有各自不同的原因，比如有些人是为了转卖商品。但是这样的信息很难获取。

另外，机器学习说到底是基于过去的信息进行对未来的预测，所以对过去没有经历过的新现象进行预测是很困难的。因此，要想预测未知的情况或商品，首先应该试验性地收集数据，然后用机器学习进行预测，或者从类似现象中进行学习训练。但是必须认识到，这和真正想要预测的对象还是有区别的。

▶ 课题难以预测的实例 图表11-4

·偶然发生的事情
掷骰子的数字、轮盘赌的数字、掷硬币的正反面等

·机制复杂的现象或者无法获取解释现象的足够数据
地震、畅销商品的出现、高额消费顾客的出现等

·没有过去数据的事情
新措施的效果、新商品的销售数量、新设施的销售额等

通过解决课题，准确把握商业价值非常重要。我们将在第12节中详细说明机器学习的商业价值。

12 从机器学习中能得到什么

本节要点

机器学习是从数据中导入规则，接下来思考一下这样能得到什么吧。本节我们一起来了解机器学习能够发挥作用和不能发挥作用的情况、优点、缺点以及性价比吧。

机器学习的目的①——通过自动化来削减成本

机器学习在“将人为判断的作业自动化”这一点上效果非常优秀。“人为判断的作业”是指“对周围的信息进行识别，对识别到的信息进行判断”这种行为。

机器学习不仅从传感器中获得数值信息作为周围环境的信息，还可以处理图像、动画、语音、文本，从中找出规则。因此，机器学习可以和人类一样，对周围的信息进行识别，甚至可以实现更胜一筹的判断（图表12-1）。

比如09节中介绍的丘比公司的事例。丘比公司活用机器学习，在食品工厂的流水线上安装检查装置，来代替人眼进行原材料检查工作。

▶ 人类和机器进行识别和判断的过程 图表12-1

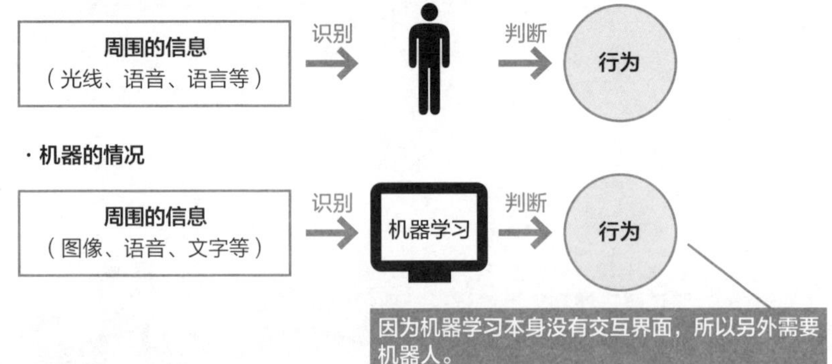

机器学习的目的②——通过高精度的识别和预测提高效率

正如02小节中所说，虽然人也可以从数据中找出规则，但是人类的能力有一定的限制。虽然可以从少数情况中找到规则，但是人类难以从庞大的数据中读取各个数据的关系来预测将来的销售额。

机器学习通过选择好的数据和好的算法（第16节），可以很好地发挥其作用。利用这个特点，我们不仅可以在人类找不到规则的领域中使用机器学习，而且可以在已经存在规则并且自动化的领域提高自动化效率。

一个典型的事例就是DeepMind公司通过机器学习技术，“提高数据中心冷却电力的效率”。通过学习安装在数据中心内外各处的传感器数据，DeepMind公司实现了根据设备的运行情况和周围环境的变化，来控制冷却装置的运行。其结果：与以往相比，电力消耗削减了约40%（https://deepmind.com/blog/deepmind-ai-reduces-google-data-centre-cooling-bill-40/）。

使用机器学习应当注意的地方

机器学习也不全是优点。机器学习主要的缺点是“在实行之前难以预测其效果”。如第11节中所说，原本就存在很难预测的课题，而且即便是能够顺利预测的课题，能否真的收集到数据，建立高精度的模型，也是未知数。

另外，即便模型达到过一次高精度，也不能保证能够永远保持高精度。在某个时间点达到高精度，但精度在之后下降的事情经常发生。关于机器学习的性能，我们需要定期检测。

关于机器学习在商业应用上的知识，我们将在第4章之后进行介绍。

13 理解机器学习的分类

本节要点

机器学习的方法可以分为监督学习、无监督学习和强化学习三大类。因为需要根据课题选择合适的方式，所以理解各自的特征和适用状况是很重要的。

机器学习的三种方法

机器学习方法根据处理的问题和应用场景的不同，可以分为“监督学习”“无监督学习”和“强化学习”三种（图表13-1）。

“监督学习”是指在输入数据有正解的情况下，学习引导出正解的模式和规则的学习方法。这里的“监督”是指正解数据。“无监督学习”是从没有正解的数据中归纳相似的组，提取重要特征的学习方法。“强化学习”是指计算机一边摸索一边学习最适合的策略的方法。因为各自的应用场景不同，需要根据课题选择适当的方法。

▶ 机器学习的三种方法 图表13-1

方法	功能
监督学习	基于有正解标签和数值的数据建立训练模型，对标签和数值未知的数据进行预测和识别的方法。没有正解数据的情况下，就需要人为添加正解。比如有大量宠物图片的数据，我们对每张图片标注“狗”或“猫”，让机器进行学习，然后建立训练模型。之后，再给训练模型输入没有标签的图片，机器就可以自动进行判别并添加标签
无监督学习	从没有正解的数据中找出拥有共同特征的数据进行分组，再从数据中提取特征的方法。比如，该方法可以从购买数据中找出购买行为相似的用户进行分组，再从问卷数据中提取用户的嗜好（喜欢的品牌等）
强化学习	一边摸索一边学习最适合的策略的方法。适合游戏和博彩这种在结果出来之前，需要花费时间经过多轮反复操作的任务。例如，在游戏中计算机会进行试错，一边做出行动一边学习，最终得到高分

监督学习能够做到的事

监督学习能够处理的问题，根据预测对象的种类大致分为两类。第一类预测对象是“狗”“猫”这样的标签信息，或者“购买”“不购买”这样的类别信息，像这样识别正确答案进行分组的问题称为“分类”。第二类预测对象是“销售额”“销售数量”等数值信息，像这样预测正确值的问题称为“回归”。

监督学习的一般流程分为“训练”和“推测”两部分（图表13-2）。“训练”是指“从数据中找到引出正解的模式或规则，以此构建可以输出正确答案的模型”。“推测”是“将构建的模型应用于训练数据以外的数据，进行识别和预测”。通过适当的训练而构建的模型，在预测中也可以取得很好的结果。因此，构建能够取得良好预测结果的模型就是机器学习的主要目标。

▶ 机器学习（监督学习）的基本流程 图表13-2

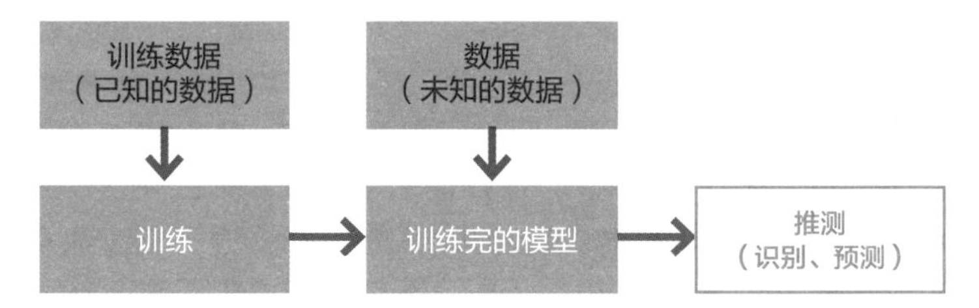

监督学习的特点

监督学习是从拥有正解的数据中学习规则，对不知道正解的数据进行识别或预测。这是为了代替人类进行的识别和对将来的预测，也是在商业中最容易使用的方法。实际上，机器学习方面的很多最新成果都是由提高了监督学习的精度带来的。深度学习也是机器学习方法的一种——神经网络的发展形态。因此，正确监督学习对商业应用有重要的意义。

本书将在第14节介绍监督学习的模型构建流程。

非监督学习是什么

正如其名字一样，“非监督学习”是识别或预测对象没有正解（监督）的机器学习方法。在没有正解的情况下，通过学习显著的特征，对相似数据进行分组，这一过程称为“聚类”。

所谓“聚类”是指基于数据之间的距离对相似数据进行分组。例如，有某份“对汽车品牌的好感度”调查问卷，那么聚类就可以将对汽车的印象（高级、重视性能、价格便宜、重视安全性）相近的用户找出来整合在一起。在商务应用中，聚类可以通过学习各个小组的嗜好，实现向各个小组分别发送邮件，来提高反馈率。

另外，除了聚类，还有一种无监督学习方法叫作“降维”。降维是降低数据维度（数据特征的数量）的方法。相当于减少数据表达式列方向元素的个数（图表13-3）。

通过降维，可以从数据中提取出更代表其本质的特征，一种典型的方法叫作“主成分分析”。该方法能够通过数据间的相关性，用较少的数据来表现全体的特征。例如，在对商品印象的调查问卷中，汇总多个评价项目，提取“安全放心”“价格”“功能”“热度”这几个少数要素就可以达到调查的目的。

通过降维提取的数据特征包含怎样的意义呢？由于这需要人为进行解释，所以有些麻烦。但是有时候为了提高监督学习的模型精度，我们会先进行降维操作。

具体而言，在构建模型时，通过降维先去除噪声信息，只使用代表数据的主要特征，从而提高精度。另外，降维减少了数据量，可以缩短训练和预测的时间。例如，在预测文本种类这种任务中，就可以通过降维将文本中出现的单词信息汇集为少数主要特征后再构建模型。

▶ 聚类和降维的过程 图表13-3

聚类的过程（对汽车的印象）

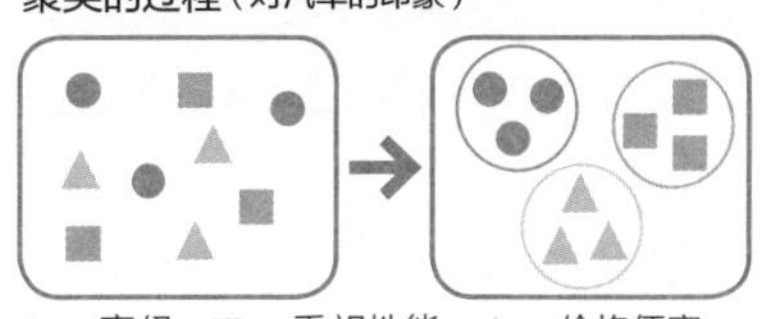

降维的过程

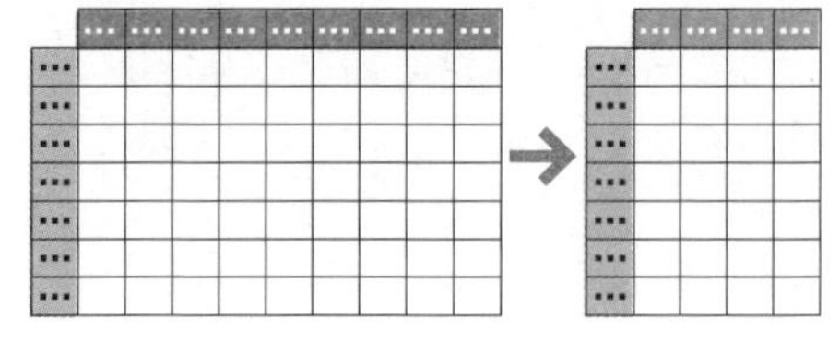

强化学习是什么

强化学习是一边反复试错一边进行学习的方法，主要适合于游戏和博彩这种在结果出来之前，需要花费时间经过多轮反复操作的任务。计算机需要一边做出实际行动一边学习最适合的策略。例如，AlphaGo就是发挥强化学习作用的例子。两个AlphaGo一边通过计算机对战，一边不断变强，最终获得超越人类棋手的能力。

强化学习与监督学习、无监督学习的应用场景原本就不同。想要理解强化学习，需要理解“环境”“行动”和“回报”这三个重要概念。“环境”指的是某个时间点的状态，“行动”表示在该状态下采取的实际行动，“回报”指的是通过该行动提高的分数或对胜利的贡献。

例如，围棋中，在哪个格子里放置什么颜色的棋子的信息就相当于“环境”；此时在某个特定的格子里放置棋子，就相当于“行动”；放置了该棋子对最终取胜的贡献度就相当于“回报”。强化学习就是为了在各种各样的环境下找出有效的行动。

智能体强化学习

在强化学习中，进行学习的主体被称为“智能体”。智能体通过反复在“环境”中采取某种“行动”，以获取该“行动”的“回报”，来学习如何提高累计回报的策略。

虽然智能体最初的行动是随机的，但是随着学习的进行，会越来越优先“获得高回报的行为”，最终做出使累计回报最高的行动。

但是，为了学习最合适的行动，需要进行多次试错，所以需要大量的计算资源和学习时间，这是强化学习的缺点。另外，也存在计算机难以模拟多种试错行动的问题。

为了减少强化学习的试错次数，也有事先用监督学习训练的方法。

14 了解机器学习的模型构建

在第13节，介绍了在商业应用中，监督学习是最常用的机器学习方法。在这里，我们来理解监督学习中的模型和算法的概念，以及构建模型的流程。

模型和算法

监督学习是对有正解的数据进行识别或预测。我们将进行识别或预测的对象变量称为“目标变量”，将进行识别或预测的必要变量称为“解释变量”。例如，用气温和湿度来预测某商品的销售额时，商品的销售额就是目标变量，气温和湿度就是解释变量。

机器学习为了进行识别或预测任务，要基于算法构建模型。模型是用算法将模式或规则进行表达的数学公式，不同模型有着不同的数学公式。

我们来说明一个回归的典型例子——线性回归。线性回归是将“权重”这一系数和解释函数互相组合，将各项目进行相加来计算预测结果的简单模型。比如，图表14-1 为根据气温和湿度来预测某商品销售额的例子。在公式中，我们需要计算使预测结果和实际结果的误差最小时的加权参数a、b和常数项。

▶ 线性回归的例子 图表14-1

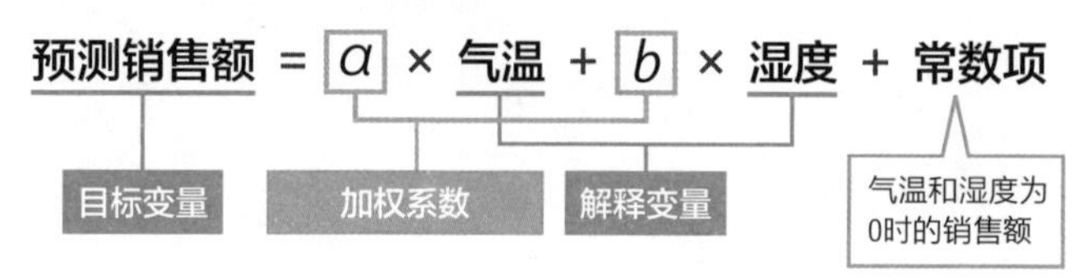

销售额与气温和湿度相关，并用线性回归来预测销售额的情况。使用“最小二乘法”这一算法来计算加权参数和常数项。

构建模型的流程

正如第13节中所说，构建模型并进行实际的预测，而识别处理分为训练和推测两个阶段。我们一起来看一下流程的全貌吧（图表14-2）。

为了构建模型，我们首先需要“数据”，但不仅仅是顾客数据和销售数据这样的表格形式的数据，还有JPEG和GIF格式的图像数据、MP3和MP4格式的语音数据，以及语言和文本的各种形式数据。机器学习并不是直接处理这些形式的数据，而是转换成数字形式的数据再处理。

如果数据中包含缺损或者异常值，则通常需要对这些数据进行补充。这种用机器学习算法预先对数据进行加工的处理叫作“预处理”。

对预处理之后的数据再使用机器学习构建模型。虽然训练模型的构建是基于算法的数学基础之上，但是为了确认是否真的是个好模型，我们需要进行“验证”。“验证”是要确认对未知数据的预测性能有多高，具体的方法在第18节中进行说明。如果在验证的阶段发现精度不高，我们会通过添加数据或者调整模型和算法，来提高精度。

如果训练模型的确够好，那么我们就用它对“正解未知的数据”进行预测。根据预测结果，就可以预测一些即将发生的事情或者识别正解未知的数据。构建高精度的机器学习模型对商业应用来说至关重要。

▶ 机器学习（监督学习）的全貌 图表14-2

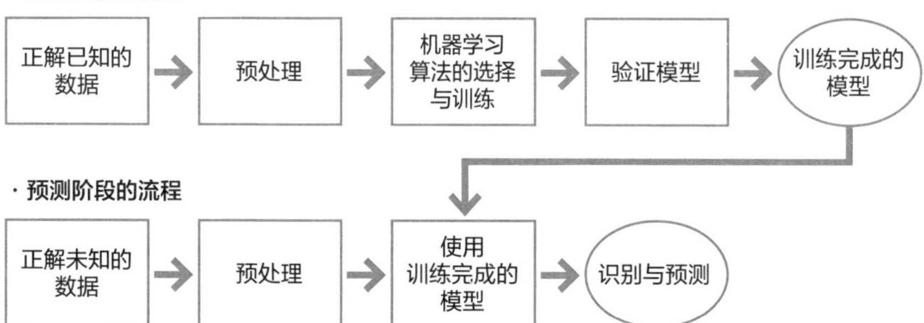

15 理解数据和预处理

本节要点

从本小节开始，我们把重点放在能够影响机器学习精度的数据上。根据数据的不同形式，所需的“预处理”也不同。所以根据形式对数据进行适合的加工很重要。

结构化数据和非结构化数据

结构化数据是指“拥有行列形式的数据”，比如大家很熟悉的CSV数据和Excel数据就是结构化数据。与此相对的“图像”“文本”“语音”等数据就是“非结构化数据”。为了不遗漏信息，非结构化数据很难整理成表格形式，即便整理了也很难直接解释（图表15-1）。

结构化数据通过列信息明确定义了“哪里有什么”，便于进行数据分析。商业中的数据主要是结构化数据，但是，随着深度学习的发展，图像、文字和语音数据的识别性能大大提高了。无论是结构化数据还是非结构化数据，在使用机器学习构建模型之前，都需要进行“预处理”来适当转换数据形式。因为根据数据形式和适用算法的不同，必要的处理方式也不同，本节我们一起来看看各种数据形式预处理的例子。

▶ 结构化数据与非结构化数据示例 图表15-1

结构化数据	非结构化数据
· **各种业务系统中的数据**（接收订单、下订单、库存、人员、POS等） · **政府和调查公司的统计数据**	· **图像数据**（商品图像、SNS上发布的图像等） · **视频数据**（监控摄像头视频、电视节目等） · **文本数据**（会议摘要、SNS上发布的文字等） · **语音数据**（咨询中心的对话记录，会议录音等）

针对结构化数据的机器学习

在机器学习中，我们将结构化数据的“行”称作“事例”，将“列”称为“特征量”。例如，如果将姓名、身高、体重和平均睡眠时间等信息排列在一起，可以用一行来表现某个人的相关信息。这种情况下的“姓名”和“身高”是“特征量”，这个人的所有信息就是“事例”。如果将这些数据按行排列，很多人的数据就会变成同样的数据格式。POS数据、购买记录、会员信息等都存在结构化数据。

结构化数据是非常容易处理的数据。处理非结构化数据时，基本上也是先将它们整理为结构化数据再构建模型。也有直接将业务中的数据使用于机器学习的情况，但是多数情况下，为了构建模型，我们会事先进行合适的加工（图表15-2）。

例如，想要预测某位顾客是否想要购买某个商品，我们就要将顾客的购买记录以及影响购买的信息整理为行列形式。另外，一般情况下，如果数据缺失或者含有异常值的数据，则需要适当补充数据或除去异常值数据。这种适用于机器学习的结构化数据被称为“数据格式”。

▶ 结构化数据的模型构造流程 图表15-2

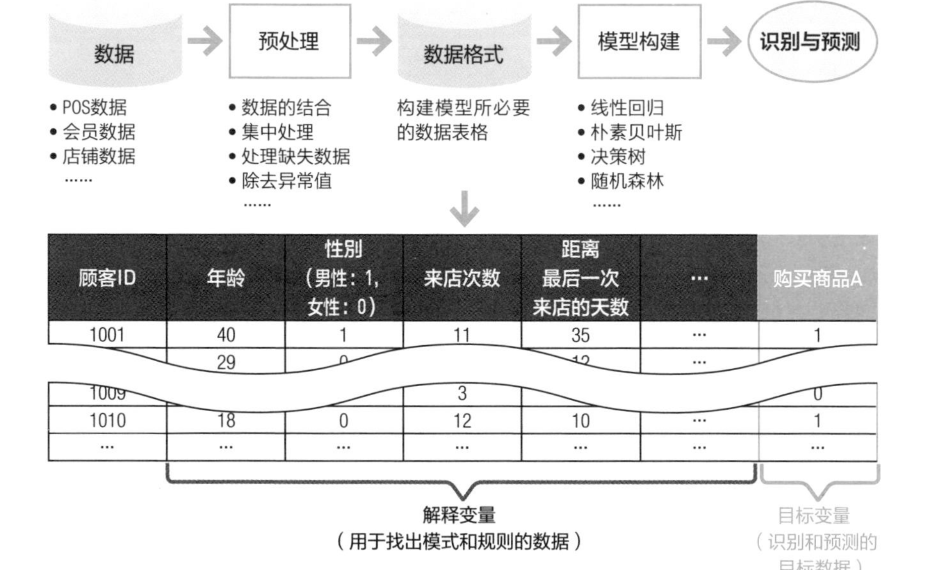

顾客ID	年龄	性别（男性：1，女性：0）	来店次数	距离最后一次来店的天数	…	购买商品A
1001	40	1	11	35	…	1
	29	0		12	…	
1009			3			0
1010	18	0	12	10	…	1
…	…	…	…	…	…	…

针对图像数据的机器学习

图像由像素这个小数据的集合体构成。一般来说，RGB（Red Green Blue）信息都作为数值记录在彩色图像的每个像素中。例如，640×320像素的彩色图像是横640个像素、纵320个像素，并且每个像素都含有RGB三种信息（图表15-3）。也就是说，这幅彩色图像是由640×320×3=614400个数据信息构成。我们将各像素的信息作为数据输入，应用于机器学习算法中。例如，在深度学习中，我们将图像的所有像素信息作为输入进行模型的训练和预测。

▶ 图像数据的构造 图表15-3

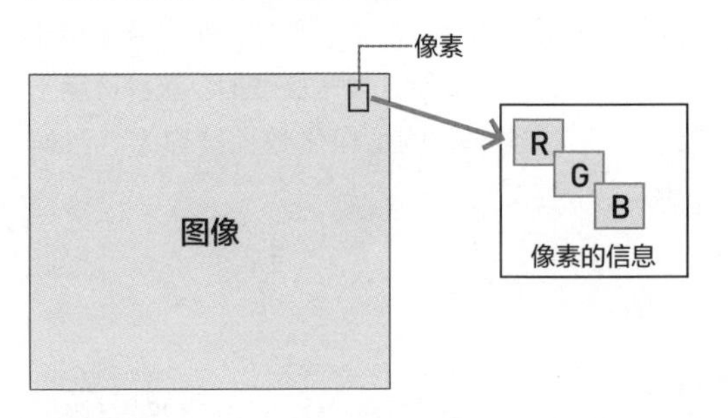

图像识别任务的种类

所谓图像识别，是指“识别给定图像中物体的任务”。图像识别的任务可以分为“图像分类”“物体检测”“场景理解”三类，难度依次上升。“图像分类”是将图像中的物体分为特定类别的任务，比如在拍摄到的狗图像上添加“狗”的标签。“物体检测”是检测属于特定分类的物体在图像上的哪个部分的任务，比如从图像中只提取“脸”的部分。“场景理解”是识别图像表示怎样状态的任务，比如从人行横道和行人的图像中识别“行人正在过马路”这一状态。想要进行无人驾驶等复杂的任务，就必须将这三类任务组合起来，不仅要提高各任务的精度，还要能使识别速度满足处理现实情况。

针对自然语言数据的机器学习

用机器学习处理自然语言时，和其他任务一样，我们需要将文本转换为数值数据。一种典型的方法叫作Bag of Words，该方法对每一篇文章中单词的出现次数进行统计，将与文章对应的单词要素作为列形式表现出来。如果是英文的话，因为单词之间会有空格自然分割，所以没什么问题，但如果是中文和日文，就会有断句分割的问题。比如，“狗/如果/跑/会/撞到/棒子”这样根据词性断句。这种把句子分成词性单位的处理称为“形态分析”（图表15-4）。

Bag of Words是表现文章的方法之一，像这样的预处理将自然语言用数值表现为结构化数据之后，就可以应用于机器学习算法了。

▶ Bag of Words表现 图表15-4

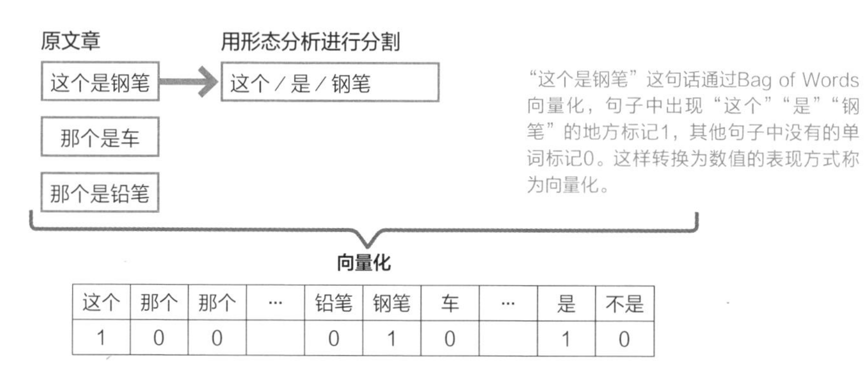

这个	那个	那个	…	铅笔	钢笔	车	…	是	不是
1	0	0		0	1	0		1	0

自然语言处理的应用事例

自然语言处理在机器学习上取得极大成功的事例就是“机器翻译”。2016年下半年，谷歌翻译使用深度学习极大提高了翻译的精度。

除此之外，还有因自然语言处理大火的“聊天机器人”。美国科技巨头Facebook、日本的LINE等平台都推出了聊天机器人，目前还有很多企业也加入了聊天机器人的市场。聊天机器人会理解用户提出的问题并做出适当的回答，这种处理就使用了机器学习。

针对语音数据的机器学习

语音数据其实就是各种语音波形混合的时间序列数据。因为机器学习难以直接处理这种数据，所以一般先使用傅里叶变换的方法将语音转换为每个频率的特征。使用傅里叶变换可以得到语音的频率和大小（振幅）数据。然后将不同频率的信息作为特征量应用到机器学习中（图表15-5）。在相似歌曲检索的任务中，考虑到人的听觉特征，“梅尔频率倒谱系数”(MFCC)也经常被使用。

▶ 傅里叶变换流程 图表15-5

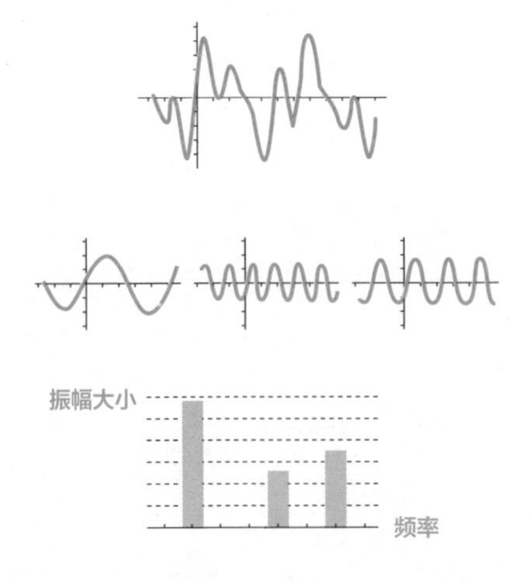

复杂波形的原始数据

根据振幅和频率分解

用振幅和频率表示

语音数据的应用事例

最常见的活用语音数据的事例就是拥有语音识别功能的语音助手了。语音助手就是先通过识别人说话的语音，然后理解语音内容并答复说话人。使用了机器学习的语音助手可以通过不断读取用户的语音，逐渐提高识别精度并做出合适的答复。

除了语音助手之外，语音识别还常用于呼叫中心的业务应用。在呼叫中心，工作人员的工作量巨大是一个需要解决的课题；另一方面，大量的语音数据不断累积也是一个难题。使用机器学习，可以实现自动应答用户电话，减轻工作人员的负担，从而提高工作人员的服务品质。

预处理所需要的工时

虽然很多人认为构建模型是机器学习中最麻烦的一环，但是预处理往往才是最耗费工时的。因为构建模型只需要对数据集市应用机器学习算法就可以了，而根据任务的不同，预处理的方式会变得多样。

例如，预测店铺的销售额和顾客购买商品的概率这两个任务，即便使用同样的POS数据，也需要进行不同的数据加工。因为“预测销售额所需的主要因素”和“预测购买概率的主要因素”不同，因此每次在不同问题上，都需要使用不同的特征量。需要注意的是，特征量不同的话，异常值处理和缺损的补充都会发生变化。

另一方面，即使将图像、文字、语音统一为数据集市，也需要对各自格式进行特殊处理，才能构建高精度的模型。例如，在处理图像时，需要对用于识别的部分进行剪切和统一尺寸的处理；在处理自然语言时，需要汇总专业用语的“词典”。除此以外，如果监督学习的数据没有正解，还需要人为手动进行添加。例如，想要从图像中识别异常数据，就需要一边看每一张图像，一边给异常数据图像添加异常值的标签。

机器学习往往给人一种能够聪明解决问题的印象。但是在构建模型之前，需要进行很多像预处理这样的准备工作。

在构建机器学习模型的流程中，预处理所耗费的工时往往会被轻视。实际上，比起应用机器学习算法，预处理耗费的时间更多。所以在推进项目的时候，我们需要先设想一下预处理要花费的时间，然后再进行工作安排。

16 了解算法的选择

本节要点

本节将介绍如何利用机器学习生成模式和规则的“模型”。另外，我们一同来理解一下调整模型复杂度的“超参数”方面的知识。

关于机器学习算法的选择

迄今为止，人们设计了多种多样的机器学习算法。但是因为适用状况和发挥性能的前提条件不同，我们必须根据目的和状况选择合适的方法。图表16-1展示了用于识别和预测的监督学习算法。

例如，线性回归适合解释变量和目的变量呈“正态分布”的数据。如果算法不满足数据分布的前提，精度就可能降低。另外，模型的复杂度和解释的容易度也各不相同。与神经网络等复杂模型相比，线性回归等简单模型难以提高精度，但是它们拥有更容易解释模型结构的特征。

▶ 监督学习的主要算法 图表16-1

方法	解释
线性回归（Linear Regression）	通过假设目标变量和解释变量之间的线性关系来构建模型的方法。因为能够知道各特征量对预测值的贡献度，所以容易解释其结构
朴素贝叶斯（Naive Bayes）	假设各特征量互相独立，推测目标属于某个类别的概率的方法，主要用于文档分类等
决策树（Decision Tree）	像树一样阶段性地应用规则对数据进行分类的方法。因为可以顺着规则前进而可视化，所以容易解释其结构
随机森林（Random Forest）	根据事例和特征量的数据制作多个决策树，通过多数表决进行回归、分类的方法
神经网络（Neural Network）	模仿人类大脑活动的训练方法，连接被称为神经元的层来构建网络
支持向量机（Support Vector Machine）	使用被称为内核函数的高维空间的映射函数进行分类的方法。不能线性分离的数据也可以分类，但是计算成本高

调整模型复杂度的超参数

多数的机器学习模型不仅有通过训练可以调整的“权重参数”，还存在可以调整模型复杂度的“超参数”。

例如，“决策树”是阶段性地发现容易分类目标变量的特征的方法。随着树的结构越来越深，可以发现更细小的特征。换言之，随着树越来越深，模型也变得越来越复杂。此时树的深度相当于超参数，通过有意图地改变树的深度，可以调整模型的复杂度（图表16-2）。

另外，作为模仿人脑学习活动的机器学习模型，“神经网络”相当于将神经元的节点多层地结合起来。详细内容我们会在17节中说明。神经网络模型会随着节点和层数的增加而变得复杂。这时节点数和层数就相当于超参数。但是复杂的模型容易引起“过拟合”问题。详细情况我们在18节中说明。

▶ 决策树超参数示例 图表16-2

简单模型

深度 3

复杂模型

深度 5

树的深度相当于超参数，越深代表模型越复杂。

各种算法的选择需要数据科学家和机器学习工程师根据实际的项目来决定。在这里我们只需要了解算法运行的基本结构即可。

[深度学习]

17 深度学习的基本机制

本节要点

提到机器学习就不得不说深度学习，关于近些年引发AI与机器学习热潮的深度学习，我们来理解一下它的基本构造。

神经网络和深度学习

人脑由被称为神经元的多种神经细胞组成，神经元通过复杂的结合来处理信息。模仿这种信息处理网络的模型就被称为神经网络。

神经网络是由相当于神经元的多个节点构成。各节点针对输入考虑不同的权重，进行非线性的运算来得到最终结果。此时，将多层神经网络组合起来就被叫作“深度神经网络”，我们将使用深度神经网络的机器学习方法称作“深度学习”（图表17-1）。

▶ 神经网络和深度学习的流程 图表17-1

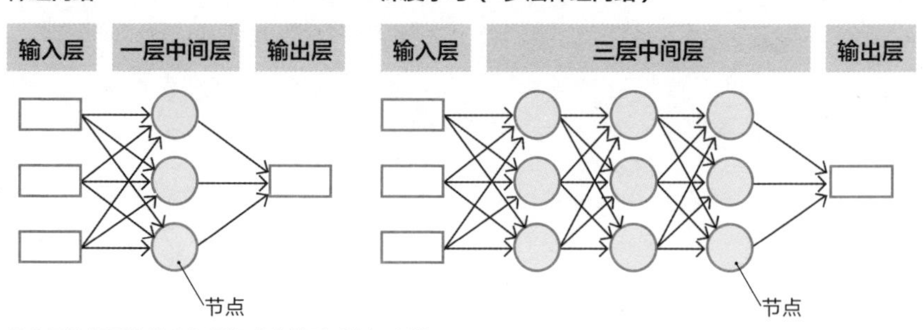

用多层神经网络的中间层组成的模型叫作深度学习。

关于深度学习的训练

深度学习的训练通过一种叫作“误差反向传播法（backpropagation）”的算法，调整节点之间的权重，使得误差逐渐减小。但是，随着层数的增加，会出现反向传播无法发挥作用的问题，导致无法正常训练。这个问题在很长一段时间内都没有得到解决，但是由于算法的改进和计算能力的提高，近年来，很多问题已经得到解决，模型达到了曾经不敢想象的精度。特别是对图像、自然语言和语音数据的训练精度有了飞跃性的提升。

深度学习根据用途和适用情况的不同，有多种模型被提出，一些代表性的模型见图表17-2。

多种深度学习相关的模型 图表17-2

方法	解释
深度神经网络（Deep Neural Network：DNN）	使用多神经网络层的模型，一般中间层的层数在两层以上
自动编码器（AutoEncoder）	将神经网络的输出和输入统一的模型，主要用于降维
卷积神经网络（Convolutional Neural Network：CNN）	主要用于图像分析的模型，对局部区域的信息进行卷积处理，由提取和压缩特征的多层组合而成
循环神经网络（Recurrent Neural Network：RNN）	主要用于文本分析和时间序列分析，具有将中间层的输入在下一层中再次利用的递归结构

只有深度学习就行了吗

虽说在特定的任务中，深度学习有着其他方法无法比拟的高性能，但并不是说所有机器学习任务都要使用深度学习。首先，深度学习为了发挥其性能，必须拥有比其他模型更多的数据。而且，由于需要非常多的计算资源，所以高性能的硬件必不可少。在数据比较少的情况下，其他机器学习方法也能发挥出高性能，所以我们要考虑到计算资源和训练时间等花费，根据实际效果考虑是否使用深度学习是很重要的。

18 评价模型的精度

本节要点

机器学习的模型精度，也就是预测值和正解的误差，以及分类的正确性非常重要。本节我们一同来理解模型的评估方法，以及构建模型必须要考虑的“过拟合”。

模型验证的目的

模型验证是将正解未知的数据输入到模型中，看看精度是多少的评估步骤。在评估精度时，先将数据的一部分分离出来作为测试数据，将“模型应用于测试数据的精度”作为“对未知数据进行预测的精度”（图表18-1）。另外，我们也经常将数据分为“训练集”“验证集”和“测试集”三个部分，用来调整超参数。具体方式是将模型应用在验证集的数据上来调整超参数，然后用测试集数据来评估模型对于未知数据的精度。

不管怎样，模型验证是确认构建的模型是否优秀的重要步骤。如果不好好进行这个步骤，好不容易花时间构建的模型，在实际应用中有可能会完全用不上，这样会非常遗憾。所以模型验证这个步骤一定要好好进行。

另外，在模型验证中，精度如果比预想的低，就需要改善模型。具体的方法我们在第19节中说明。

在模型验证中，根据目的使用适合的评价指标是很重要的。另外，有没有适合训练数据的模型也很重要。

模型精度是什么

所谓模型精度，简单来说就是在"分类"任务中正确识别了多少标签，在"回归"任务中预测值和正解值的偏差有多少。

"分类"问题的代表性评价指标是"正确率"（Accuracy）。正确率是指正确识别了多少数据，也就是正确识别的数据占所有数据的比例。正确率一方面直观易理解，但是另一方面，在标签非常少的极端情况下，有着无法准确评价模型的缺点。例如，对于99%标签为0，1%标签为1的数据，如果将所有数据都识别为0，那么正确率是99%，相当高。但因为实际上我们想要识别的是1%标签为1的数据，所以该模型无法达成任务。为了应对这样的问题，有时我们会用正确率以外的指标来评价模型。

"回归"问题的代表性评价指标是RMSE（Root Mean Squared Error），表示预测值与实测值差异的平均值为多少。该值越大代表模型的预测精度越低，越接近于0越好。但是，在有异常值的情况下，RMSE很可能无法适当评价模型，所以在含有异常值的数据中，我们通常使用RMAE（Root Mean Absolute Error）。

不管怎样，使用适合的评价指标来评价模型精度是非常重要的。

▶ 模型验证的流程 图表18-1

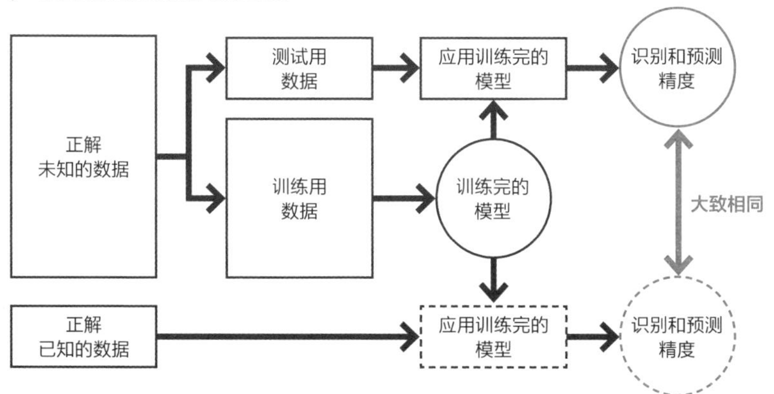

关于过拟合

“过拟合”是指“模型只在训练数据上表现很好”（图表18-2）。如果发生过拟合，模型对训练数据的分类和预测精度会很高，但是对别的数据就无法取得同样的精度。

这样在机器学习中，很可能会发生“乍一看训练得很好，但是实际上无法使用”的情况。过拟合在构建机器学习模型时是一定要回避的事情之一。过拟合在使用特别复杂的模型时很容易发生。作为复杂模型的代表，深度学习应该是最需要注意过拟合的算法。虽说精度高，但是不要随便使用深度学习，而一定要在认识到可能存在过拟合的情况，再合理使用。

▶ 过拟合示例 图表18-2

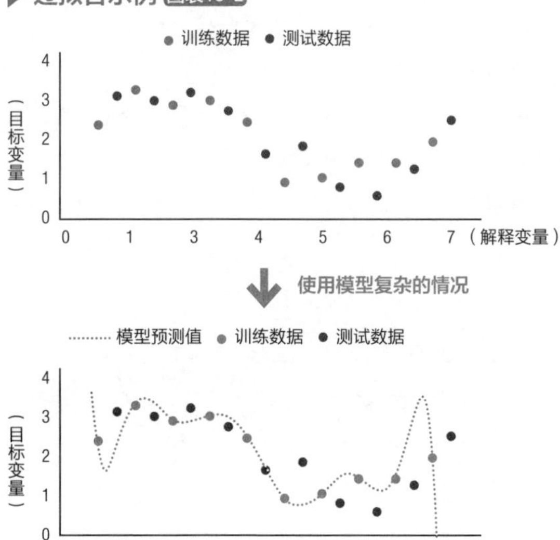

虽然很好地拟合了训练数据（●），但是和测试数据（●）的值相差很大，这就是“过拟合”。

过拟合相当于事先知道了考试中会出的题，就只学习了那些题。这样就导致事先知道的题会解，但如果出现了事先不知道的题，就基本上不会做了。因为无法投入实际应用，所以在现实世界中过拟合的模型无法使用。

过拟合的判断和对应

要判断是否出现过拟合，我们可以将数据分为训练数据和测试数据，使用测试数据对模型进行验证。如果验证的精度相比在训练数据上的精度有明显降低，那么就很可能是发生了过拟合。

如果已经发生了过拟合，我们通常会调整超参数。因为超参数可以调节模型的复杂度，所以可以有意地用来降低训练时的精度，从而提高预测的精度。

超参数的调整是在验证集数据上进行的，具体方法为：首先在用训练数据构建模型时，因为超参数值的不同，往往会得到许多不同的模型。然后在验证集数据上，验证各个模型的精度。最后，选取精度最高的模型的超参数，将该超参数模型应用于测试数据，把对于测试数据的精度作为模型对“未知数据的精度”（图表18-3）。

▶ 通过调整超参数来提高精度 图表18-3

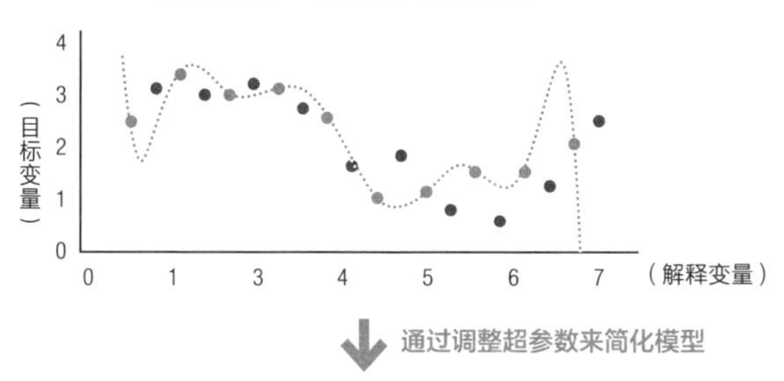

通过调整超参数来简化模型

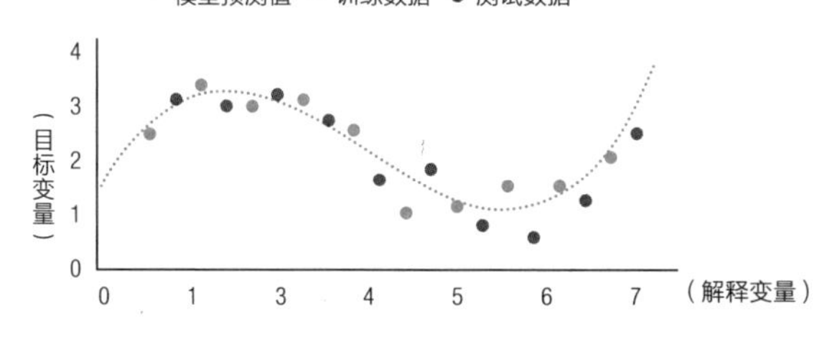

通过简化模型，在测试数据上的精度大幅提高，即过拟合得到改善。

[模型的改善]

19 怎样改善模型

本节要点

“虽然构建了机器学习模型，但是精度不够”“长时间使用同一个模型，精度逐渐降低”等情况时有发生，下面我们来简单说明一下提高模型精度的方法。

精度不高时可以采取的方法①——增加数据

改善模型精度的方法有很多，但是我们不能盲目进行尝试，而是需要针对原因考虑不同的对策（图表19-1）。最开始应该考虑的是，是否使用了合适的数据进行预测或识别。正如第11节中所说，机器学习是从数据中学习模式和规则的方法，如果数据不足或者没有能够反映模式规则的合适数据，就无法构建高精度模型。换言之，通过增加训练数据，或者增加反映模式规则的解释函数，可以提高模型的精度。

提高精度最简单的方法，就是增加数据。在同一个模型使用过程中精度逐渐降低的情况下，一般通过增加最新的数据再次训练，可以提高精度。如果再次训练也无法提高（比如新发售的商品没有销售数据），我们就需要考虑更多的解释变量，增加之前没与考虑到的外部因素来提高精度。

▶ 改善模型的方法 图表19-1

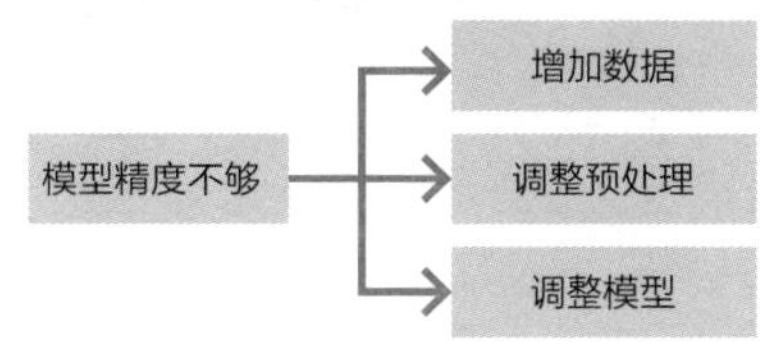

增加或更新数据，以及增加解释变量等

处理异常值或缺损值、尺度变换、降维等

换模型、调整超参数、分割模型等

精度不高时可以采取的方法②——调整预处理

刚才我们说了通过增加数据可以提高精度。有时候通过调整预处理和模型构建的方式，也可以提高精度。

调整预处理最典型的方式就是处理异常值。根据模型的不同，数据中哪怕只含有少量的异常值，也会大幅影响精度。所以去除异常值，或者做适当的变换处理，都可以提高精度。除此之外，尺度变换和处理缺损值也能提高精度。另外，解释变量过多，机器学习算法可能会难以找到合适的模式和规则。处理解释变量过多的问题，可以使用第13节中介绍的降维方法。

精度不高时可以采取的方法③——调整模型

调整模型也可以提高精度。虽然有很多机器学习算法，但是如第16节中所说，不同算法发现的模式、规则的复杂度也不同。如果数据量足够，复杂的模型比简单的模型更能取得高精度。但是，因为存在第18节中所说的过拟合风险，适当调整超参数很重要。

另外，提高精度还可以使用分割模型的方法。例如，男性和女性购买某商品的倾向不同，就可以针对两种性别构建不同的两个模型，这样会比使用同一个模型精度更高。

除此以外，还有一些其他的方法。但是想要提高精度，需要进行很多试错。从业务应用的观点来看，构建模型时要考虑到改善模型的时间并进行分配。

构建预测将来任务的模型时，容易将含有将来信息的数据应用在模型上进行训练。因为这样用到了不属于训练数据的信息，所以看起来模型的精度很高，但是实际预测的时候精度会大幅降低，所以要特别注意。

专栏

现在的AI和过去的AI有什么不同

迄今为止，被称为“AI热潮”的时期，已经是第三次了。

第一次热潮在20世纪50年代到60年代。通过“推测”和“探索”解决了一些如机器翻译的特定问题。冷战时期，美国通过机器翻译试图解读俄语。但是由于始终没有更大的突破，AI迎来了寒冬。

第二次热潮是在20世纪80年代，人们通过给计算机一定的“人类知识”而开发了“专家系统”。专家系统针对对话、医疗诊断这类特定任务比较有效。但是，如果不人为构建“知识”并输入计算机中，机器无法实现任何任务。由于知识量巨大，人们无法都输入进计算机中。所以20世纪90年代中期开始，AI又迎来了寒冬。

在第三次AI热潮的现在，各种应用事例都很成功，我们在第1章中已经介绍过。关于这次的热潮和以往不同的地方，笔者和担任人工智能技术战略会议议长的安西祐一郎有过交流。经历过以往AI热潮的安西先生认为，虽然未来是不确定的，但是很多业界人士认为，这次的AI热潮会以“AI成为生活中理所应当的事情”结束。

▶ 过去的AI和现在的AI的相似点和不同点 图表19-2

现在的热潮和过去的热潮相似的地方

- 对人类知识的评价过低
- 认为只有AI是先进的
- 怎样定义AI对经济会产生不同效果
- 训练模型需要花费时间
- 硬件瓶颈是最大的课题
- 不被一般人所理解
- 趁着这股热潮，很多人突然发表“AI是什么”“人类更伟大”“对人类的威胁”等言论

现在的热潮和过去的热潮不同的地方

- 尚未看到机器学习的界限
- 在特定的任务中展示了机器的优越性
- 可利用互联网、云、高性能数字传感器等多种数字技术
- 大数据和IoT的重要性得以体现
- 应用领域非常广泛
- 研究开发和使用中的制度与伦理成为现实课题
- 美国拥有大型企业，并且是一家独大的局面

出自：笔者根据安西祐一郎《人工智能·认知科学·数据科学的相互关系》（2017年10月23日第四次数据科学协会研讨会主题演讲资料）的一部分改编。

第3章

了解机器学习所必需的资源

通过前面的学习，大家现在应该可以理解机器学习的基本结构了。从现在开始，我们来看看机器学习所必需的资源，从人力、物资、资金和信息方面进一步了解机器学习。

[必需的资源]

20 推进机器学习项目所需资源

本节要点

为了推进机器学习项目，我们需要各种资源。在本节中，我们来看看如何调度“人力、物资、资金和信息”等各种资源。

机器学习项目所需的资源

在机器学习中，数据这种“信息资源”和进行机器学习处理的软硬件这种“物资资源”都是必需的。

当然，在机器学习项目中，驱使这些信息资源和物资资源的人力资源和支付所需的资金资源也是必要的。图表20-1列举了机器学习所需的主要资源，这四项要素在机器学习项目中是不可或缺的。

▶ 机器学习项目所必需的资源 图表20-1

人力	物资	资金	信息
推进项目开发的人员	构成系统的软件和硬件	推进项目的资金	作为机器学习输入的数据

在机器学习所需的四项资源中，人力资源会在第5章进行解说。在第30节中，我们会详细介绍作为信息资源的数据。关于资金资源的调度方法，会在第4章的项目构思中说明项目的ROI。本章主要介绍物资资源的软件和硬件。

知道资源的调度来源

对于这些机器学习所需的必要资源，如果公司内没有的话，就需要依靠公司外部的帮助。首先，任何公司，只依靠公司内的资源是几乎无法完成机器学习项目的。和大家在日常业务中使用的计算机、软件都不是自己公司制造的一样，公司在从事机器学习项目时，多少也需要依赖外部资源。

图表20-2 显示了必要资源的调度来源。我们要根据自己公司的情况，来选择合适的外部资源来源。

▶ 从事机器学习项目时的资源调度来源 图表20-2

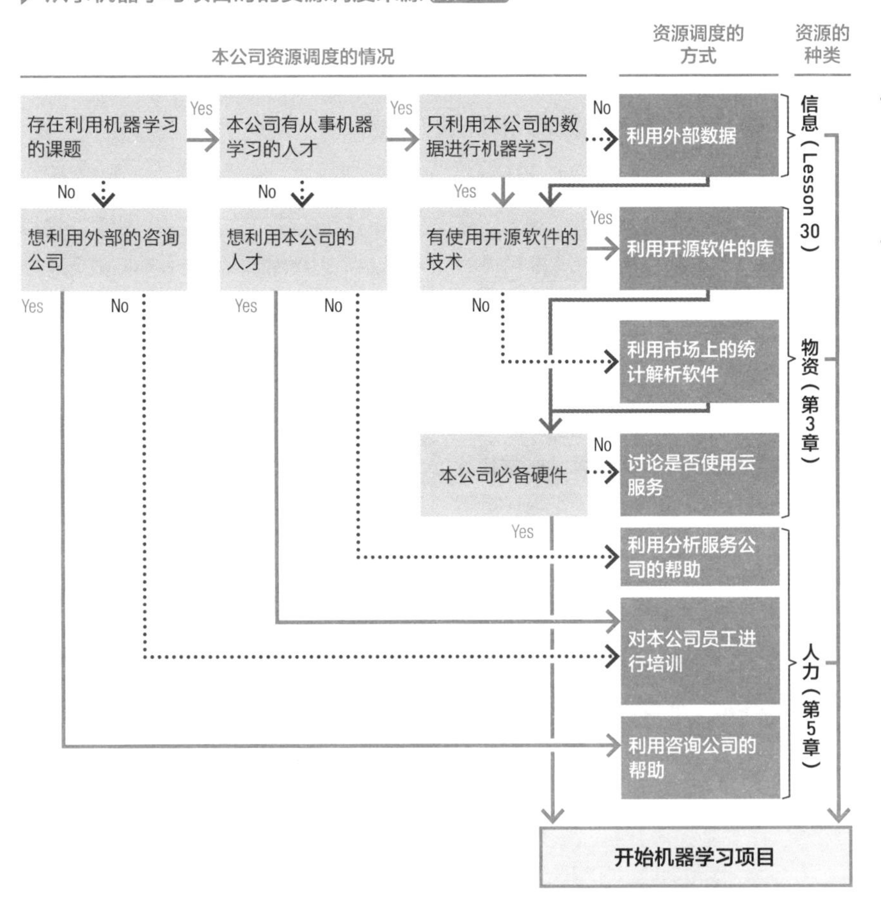

21 机器学习所需的软件和硬件

本节要点

从本节开始，将介绍进行机器学习所需的物资资源。首先来了解一下在推进机器学习项目时，为了能与工程师和数据科学家顺利沟通所需要的知识吧。

机器学习的处理流程和执行环境

在 图表21-1 中，机器学习的处理流程为：首先获取“数据”进行输入，然后用“算法”进行计算处理，最后得到识别、预测等任务的“输出”。在实际应用中的更详细流程我们会在第50节中进行讲解说明。本节我们只要大致了解一下就行。

在项目中进行机器学习，需要准备一个实施机器学习的环境。如果只是用试验性的样本进行测试，那么常用的笔记本计算机就可以。但是，如果在项目中继续使用机器学习和大规模数据，甚至使用深度学习的话，就需要搭建一个必要的实行环境（基础设备）。

为此，理解技术概要非常重要。首先我们通过软件和硬件的分类来整体了解一下吧。

▶ 机器学习的实行环境 图表21-1

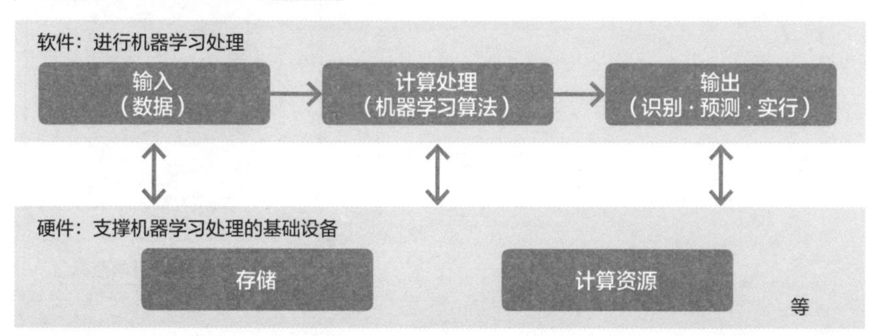

机器学习的技术概要①——软件部分

机器学习算法是以计算机程序的形式执行的。因此，我们需要安装和执行机器学习的程序。虽然有很多编制程序的“编程语言”，但是在机器学习中我们经常使用的代表性语言是 Python（第22节）。在数据分析和统计分析等方面，R语言也经常被使用。但是在机器学习中，特别是深度学习兴起之后，Python的利用有了飞跃性的增长。

因为Python作为Web应用的开发语言经常被使用，所以利用Python可以很容易开发包含机器学习功能的Web应用。近年来，以Python为中心的数据分析和机器学习环境飞速完备，与此同时，使用者人数也急剧增加。我们将在第22节中对Python编程语言进行详细说明。在第23节中，将详细介绍Python“库”的应用。

机器学习的技术概要②——硬件部分

用编程语言实现机器学习算法需要准备硬件基础。因为机器学习需要大量的训练数据，为了保证数据和进度，我们需要能够处理复杂计算的计算资源。

首先可以考虑在本公司内准备机器学习的服务器。但是考虑到庞大的数据不断积累，有很多旧数据甚至用不到的情况，现在很多公司都在使用云服务，我们将在Lesson 25进行介绍。另外，我们在Lesson 25中也会介绍另一种重要的计算资源——GPU。通常的计算机运算都适用CPU，然而，在处理深度学习任务时，即使是高性能的CPU也非常耗时。

在第25节中，我们会详细介绍云和GPU的应用。

22 了解Python的特征

本节要点

在机器学习中，我们经常使用Python编程语言。在本节中，会介绍编程语言是什么、Python是什么以及为什么Python在机器学习中经常被使用。

编程语言是什么

编程语言是人类向计算机传达命令的语言。计算机本质上只能接受二进制（0和1）的命令。但是，对于人类来说，二进制数和平时使用的语言相差甚远，所以我们很难把所有的命令都以二进制的形式传达给计算机。因此，作为人和计算机"沟通"的中介，编程语言出现了（图表22-1）。

使用编程语言的目的是向机器传达命令，目前的编程语言的种类有很多。随着时代要求的变化，编程语言不断被开发又不断消失。以不同的目的为例，Java在业务系统中经常被使用，在嵌入式系统中则通常使用C语言。另外，以前开发Web系统大多用Perl语言，而近年PHP和Ruby的使用大幅增加。同样的，近年来，Python作为机器学习常用的语言，在编程语言的使用中占据了很大的比例。

▶ 程序的结构 图表22-1

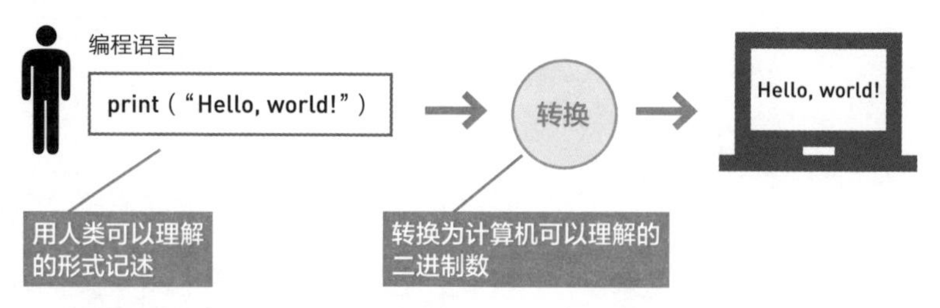

Python是什么

Python是荷兰人Guido van Rossum开发的编程语言。Python在英文中是蟒蛇的意思，所以该编程语言的标志就是蟒蛇。Python原本就是以“便于使用的编程语言”为目的而开发的语言。特别是近年来，在大学等教育机构，Python作为教育用编程语言也被大幅采用，从而成为学生最早接触的编程语言。另外，Python还在工具和Web系统开发、数据分析以及机器学习上被广泛使用。

Python在机器学习中被广泛使用的理由是因为它具备机器学习所需的必要功能。在机器学习中，进行基础性数值计算的Numpy、机器学习的库scikit-learn、在浏览器上进行交互开发的Jupyter Notebook等的每一项进行机器学习都非常方便（图表22-2）。Python之所以特别适合机器学习，是因为它拥有一些强力的“帮手”，我们将在第23节中对Python的“好帮手”——库进行介绍。

▶ Python的机器学习库和工具 图表22-2

库／工具名	说明
NumPy	提供可以快速进行机器学习必要的矢量和行列计算的库
Pandas	提供数据分析所需的各种功能的库
scikit-learn	提供多种机器学习算法的库
Jupyter Notebook	提供可以在浏览器上进行交互性数据分析和机器学习的工具
TensorFlow	提供谷歌开源的机器学习／深度学习的库

Python虽然在机器学习上经常被使用，但是它并不是专门为了机器学习而开发的语言。

[库]

23 了解机器学习的库

本节要点

就像上一节提到过的那样，想要实现机器学习程序，就必须充分利用库。本节我们将介绍什么是库，以及机器学习中经常使用的库的特征。

库是什么

库是按照使用目的进行汇总的“可再利用的程序群”。很多库不能单独运行，而是帮助主体程序的执行。也就是说，机器学习的库是实现机器学习各种方法（第13节）的整合。

例如，在想要执行A功能的情况下，通过从程序中调用库A，可以简单地执行该功能（图表23-1）。如果不使用库，我们就必须理解机器学习各种方法的理论，然后自己写出一行行代码来实现。

但是，并非只要使用库就能实现所有的功能。另外，由于每种编程语言都有各自的库，所以根据使用的编程语言选择合适的库很重要。

▶ 程序和库的关系 图表23-1

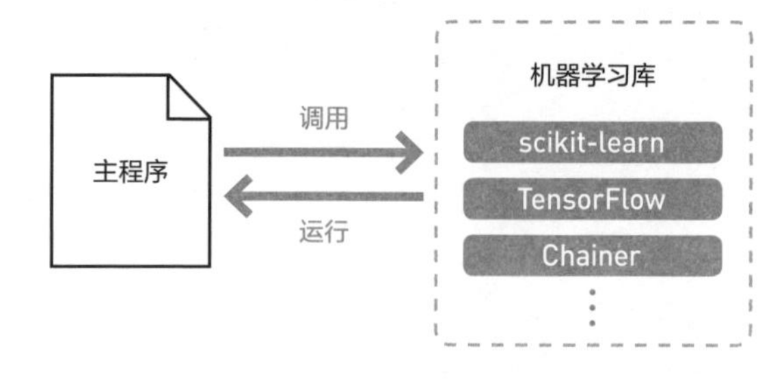

了解库的种类

开发并提供机器学习库的企业和开发者社区是很重要的。通过利用库，可以减轻数据科学家和工程师的代码作业。这些库，有很多都是开源免费提供，市面上的一些商用统计分析软件也含有各种支持机器学习的库。比起开源软件，商用软件使用起来简单，但是有一些功能限制。企业应该根据自己的需求来选择使用开源软件还是商用软件。

主要的开源机器学习库 / 语言 图表23-2

库 / 语言	开发者	说明
scikit-learn	scikit-learn project	2007年起开发的开源机器学习库，使用的语言是Python
TensorFlow	Google	2016年11月公开的机器学习软件库。由Google公司从事机器学习和深度学习的成员开发，然后被开源。使用的语言是Python、C++、Java和Go语言
Chainer	Preferred Networks	支持神经网络的设计、训练、评价以及深度学习模型构建的开源框架。使用的语言是Python
Caffe	Berkely Vision and Learning Center	Google工程师在加州伯克利大学攻读博士学位时开发的开源深度学习框架。使用的语言是Python
CNTK	Microsoft	用于深度学习的工具（Cognitive toolkit:CNTK）。使用的语言时Python和C#
R语言	R Foundation	用于统计分析的编程语言，在运行开发环境中可以使用各种机器学习算法的包

各种库和语言都有自己简单的使用指南，尝试着了解一下，我们就可以更顺利地和技术人员进行项目讨论。

[统计分析软件]

24 帮助机器学习的软件

本节要点

有些市面上销售的软件可以帮助机器学习的实现。即使用户不进行编程，也可以利用这些软件实现机器学习的部分功能。

用于机器学习的数据分析软件

使用数据分析软件通常是因为“数据可视化”和“统计分析”两大目的。根据产品的不同，机器学习的功能也不同。

我们一般将进行数据可视化的软件称为BI（Business Intelligence）工具，其主要目的是将数据转换为图形，使分析结果以更易懂的方式显示出来。而另一种专门进行统计分析的软件，被广泛应用于企业和研究机构的数据分析中。统计分析软件是对数据进行统计的分析处理，使用“数据挖掘”功能找出数据中涵盖的意义。大多数统计分析软件支持各种机器学习算法，也可以通过GUI操作和脚本输入，进行比较简单的机器学习（图表24-1、图表24-2）。我们在第43节中也会说到，提供分析服务的公司的数据科学家们也会使用这些商业软件。

BI工具中非常有名的是Tableau和Microsoft公司的Power BI。因为可以免费使用，请大家务必试试。

了解能够帮助机器学习的软件产品

在BI工具和统计分析软件中，统计分析软件支持机器学习。另外，有些工具没有被作为统计分析软件进行宣传，而是利用“科学计算”“通用人工智能”等标签短语，给人一种AI万能的印象。但是，这些软件是否能够满足商业功能值得慎重讨论。我们应该根据使用目的，来选择合适的软件产品。

▶ 主要的机器学习软件和开发公司 图表24-1

开发公司	软件
Data Robot	Data Robot
IBM	SPSS Modeler/Statistics、IBM Watson
SAP	SAP Predictive Analytics
SAS Institute	SAS 9.4、Enterprise Miner

▶ GUI界面示例 图表24-2

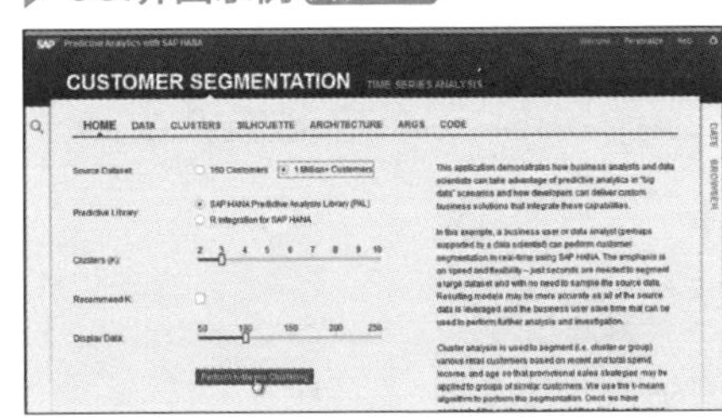

SAP Predictive Analytics with SAP HANA，画面操作简单，图中为使用无监督学习进行的顾客分组。

出自：SAP公司的Youtube账号。
https://www.youtube.com/watch?v=vZ-Mn6fNOiY.

要点 只用软件产品是不够的

使用这些软件可以将机器学习模型的一部分构建工作自动化。不过，数据的预处理以及使用模型输出进行功能的开发等依然很重要。所以在进行实际项目时，考虑到这些作业需要花费的时间，我们需要根据目的和预算选择产品。

25 机器学习所需的硬件资源

本节要点

上一节我们对机器学习所需的软件资源进行了解说。在本节中，我们将对存储器和GPU等硬件方面需要的资源进行解说。

机器学习所需的存储和计算资源

进行机器学习需要收集大量数据进行大规模计算，其中系统的资源大致分为保管数据的“存储器”和执行训练推测的“计算资源”两部分（图表25-1）。存储器一般有硬盘等外部记忆装置，计算资源一般有CPU（中央处理器）和GPU（图形处理器）。GPU可以显示处理深度学习的计算问题，所以在进行深度学习时，GPU通常是必需的。

▶ 存储器和GPU 图表25-1

出自：Cisco的网页。

图为Cisco UCS S存储服务器。

出自：Nvidia的网页。

图为Nvidia Tesla GPU。

利用云服务带来的好处

机器学习中计算资源的利用是很烦琐的。在训练大量数据的时候，少则花费几小时，多则需要几天。但是另一方面，构建好的模型在处理新数据的时候，通常只需要几分钟。在不进行机器学习的时候，计算资源往往会被浪费掉。

计算资源的这种特征，正好符合云服务的特点。只在必要的时间借用计算资源处理机器学习，在结束后归还，这样，只需要支付使用云服务时间的费用就可以。

使用云服务，比在公司内构建自己的计算资源可以节省一大笔费用。而且，根据业务的需要，在云服务中添加配置计算资源也很简单。

不仅仅是计算资源，保管数据的存储器也可以使用云服务。今后，如果需要为机器学习提供必要的硬件资源，云服务是一个非常好的选择。

要点 机器学习普及背后的基础设施技术

正如第3节中所说，Amazon、Google、Microsoft等公司都提供了机器学习中可以使用的云服务。这些公司在推进机器学习的同时，也在发展自己公司的基础设施，并向用户推广，来促进机器学习的普及。

例如，Google开发了比从前的机器学习快15到30倍的高速专用芯片（TPU：Tensor Processing Unit），并应用在了AlphaGo中。

▶ 谷歌开发的TPU 图表25-2

出自：Google Cloud Platform的网页。

专栏

AI和中国

GPU是机器学习处理关键一环，它的制造商不仅有Nvidia，还有Intel和AMD，都是美国公司。美国政府表示，2015年开始禁止这三家公司向中国超级计算机研究机构销售GPU，其原因之一就是中国超级计算机的飞速发展（第5节的图表05-5）。

2017年，中国政府公布，到2030年要将理论、技术、应用等所有AI领域都提高到世界最高水平，使中国成为世界主要的AI创新中心（图表25-3）。相关产业在内的经济规模要在10年内提高10倍，达到10兆元（约170兆日元）。

中国自2008年以来，在AI相关论文的发表总量上已经超越了美国，成为世界第一。从论文引用数来看，已经仅次于美国和英国，排名世界第三。顺便说一下，日本在2016年的AI论文数量中排名第四位，影响度（引用数）是第八位（引用自Scimago Journal & Country Rank）。

像阿里巴巴那样提供云服务的科技公司往往都要依赖Nvidia的芯片。虽然在芯片开发上已经落后，但是中国政府已经表示，要开发比Nvidia的GPU（M40）性能优秀20倍的芯片。

在中国，国家的经济统计、天气、地图等各种数据在国际上的公开程度都比较低。但是在电子商务的全球结算金额中，中国占了四成，移动支付金额已经是美国的10倍以上，拥有大量的数字数据。

在2017年的中国国家医师考试的笔试中，清华大学和语音识别技术龙头企业科大讯飞合作开发的医疗助手机器人通过了测试。今后，除了在第1章中提到的GAFA和Microsoft五家公司之外，阿里巴巴、腾讯、百度等中国公司也会加速创造出各种成果。旷视科技开发出的Face++技术已经能够识别双胞胎，并且已经成为新兴的独角兽企业（未上市企业中估值超过10亿美元）。

▶ 中国政府《关于新一代人工智能发展规划的通知》 图表25-3

国务院关于印发
新一代人工智能发展规划的通知
国发〔2017〕35号

各省、自治区、直辖市人民政府，国务院各部委、各直属机构：
现将《新一代人工智能发展规划》印发给你们，请认真贯彻执行。

国务院
2017年7月8日

（此件公开发布）

新一代人工智能发展规划

人工智能的迅速发展将深刻改变人类社会生活、改变世界。为抢抓人工智能发展的重大战略机遇，构筑我国人工智能发展的先发优势，加快建设创新型国家和世界科技强国，按照党中央、国务院部署要求，制定本规划。

一、战略态势

人工智能发展进入新阶段。经过60多年的演进，特别是在移动互联网、大数据、超级计算、传感网、脑科学等新理论新技术以及经济社会发展强烈需求的共同驱动下，人工智能加速发展，呈现出深度学习、跨界融合、人机协同、群智开放、自主操控等新特征。大数据驱

来自：政府主页“关于新一代人工智能发展规划的通知”（2017年7月20日）。
http://www.gov.cn/zhengce/content/2017-07/20/content_5211996.htm.

第4章

确定项目的目标

从本章开始，我们一起来了解机器学习中的实践技巧。首先我们一边看项目的整体情况，一边确认在构思阶段应该做什么。

26 机器学习项目的阶段区分方式

本节要点

机器学习项目主要有构思、PoC、实现和应用4个阶段。与一般的系统开发不同，PoC（Proof of Concept）阶段是机器学习项目的特征之一。

机器学习项目成功的条件

机器学习项目成功与否，主要在于能否构建一个有效实现商业成果的模型。当然，因为事关投资，需要考虑ROI（投资回报比），所以要有计划地进行。

区分机器学习项目阶段的方式，如图表26-1所示。

▶ 机器学习项目的全貌：阶段的区分方式 图表26-1

① 构思阶段	② PoC阶段	③ 实现阶段	④ 应用阶段
课题的选定／具体化，实行计划的确立	机器学习模型的模拟构建	机器学习模型构建与系统实现	搭载机器学习模型的系统应用
确定机器学习适用于公司的何种业务和服务	模拟构建机器学习模型，验证结果	完成机器学习模型的构建与实现	监控和维护机器学习模型的精度

构思阶段

选定机器学习的商业应用课题就是“构思阶段”。机器学习项目的推进需要专业人员的人工费、合作伙伴的业务委托费，以及系统基础设施费用等。项目的确定阶段，需要先考虑这些必要的成本，然后选定效果好的课题，再确保课题的商业投资价值。从经济价值的观点考虑，一定要设定最适合项目的课题。

PoC阶段

在PoC阶段，我们构建模拟的机器学习模型，验证构思的课题在技术上是否可行。PoC是Proof of Concept的缩写，翻译为“概念验证”。在机器学习项目的PoC上，我们用实际的数据来构建解决课题的机器学习模型。在这个过程中，我们将从是否能收集到必要的数据和是否能构建出耐用的高精度模型的观点来验证可行性。

实现阶段

在接下来的实现阶段，大致有两个步骤。一个是将PoC阶段构建的模拟模型按所需的精度和速度转化为正式应用的模型。另一个就是获取和处理输入数据，将模型输出的数据转换为所需要的形，以机器学习模型为中心，将构思的业务和服务统合到系统中。

应用阶段

在最后的应用阶段，我们将前几个阶段构建的机器学习模型应用在系统中。这个阶段主要有两件事。一是对机器学习模型的监控和调控。在实际应用中，造成精度下降的情况有很多，为了防止出现这类现象，应该定期监控，并根据情况做必要的微调。另一个是对构建的系统进行监控和调控。这类作业和对一般的系统进行应用维护是一样的。

在本章中，我们会从知识和实践技巧两方面对机器学习项目的构思阶段进行解说。

[构思阶段]

27 抓住构思阶段的全貌

本节要点

本课我们来解说怎样构建机器学习项目。首先，我们要决定课题，把握构思阶段的全貌，然后再确认应该做的工作和必要的资源。

构思阶段的目标是“公司内部达成一致”

构思阶段的目标就是为了继续推进机器学习课题，而达成“公司内对于投资判断的一致意见”（图表27-1）。

机器学习项目需要花费时间和费用。无论是经营层和管理层的战略判断，还是工作现场的经理对经营层的提案，为了推进项目的发展，公司必须确立最终收益的方针。

关于“收益的方针”，从短期角度来看，就是项目要具有一定的ROI。

即使现阶段无法看出不错的ROI，也可以根据中长期的利益制定方针，将其归为研究开发投资。无论是追求短期的ROI，还是进行中长期的研究开发，都需要充分斟酌项目的价值之后再进行投资判断。

▶ 构思阶段的目标=投资判断的认可 图表27-1

构思阶段的目标	=	对机器学习项目投资判断的认可

为了“获得投资判断的认可”，我们要预见项目的效果，再制定实现的方式。

构思阶段的任务和目标

投资的判断需要充分考虑ROI，具体包括“①课题的选定”“②课题的具体化”“③执行计划的制定”，如图表27-2所示。

课题的选定分为“课题设计”和“筛选课题方案”两部分；课题的具体化分为“设计业务和服务”和“讨论系统的构成”两部分，完成这两部分就可以开始执行计划的制定；执行计划的制定由“制定日程”“讨论执行体制”“估算ROI”以及“制定方案书”四部分组成。

最后的方案书制定是为了最终的投资判断，是整个构思阶段的成果。

▶ 构思阶段的任务和目标 图表27-2

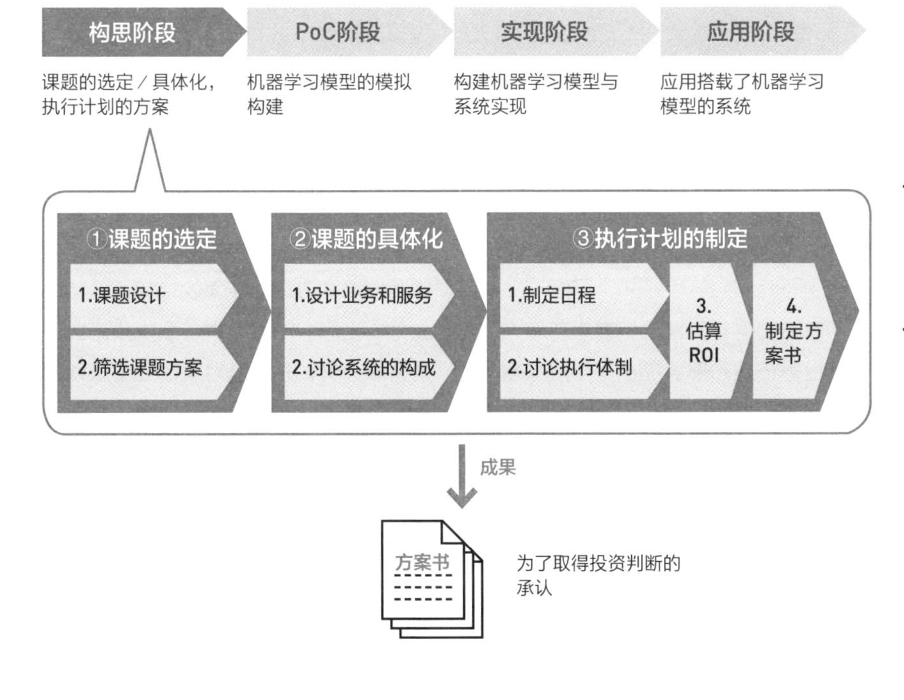

抓住构思阶段的全貌了吗？在下一节中，我们将介绍构思阶段的前提知识和各任务的进行方法。

[课题的设定]

28 什么是机器学习项目的“课题”

本节要点

在构思阶段，我们首先要确定机器学习项目的课题。在讨论课题的时候，有必要根据“如果不是机器学习就无法解决吗”“ROI成立吗”等条件进行详细的调查。

机器学习项目的课题制定条件

推进机器学习项目首先应该考虑的就是项目的内容，也就是讨论“课题”。例如，“需求预测”“异常检测”“Logo生成”等想要通过机器学习来解决的课题。

但是如果盲目地将机器学习导入公司的业务流程和服务提供是无法提高企业价值的。在机器学习项目中，“课题”的详细讨论非常必要（图表28-1）。首先要理解课题需要满足一定的条件。

机器学习项目的“课题”成立条件如下：①应当解决的课题范围，②是否通过机器学习可以解决的范围，③ROI成立的范围。不管是进行需求预测，还是图像分析，只有满足了这三个条件，机器学习项目的课题才成立。

▶ 课题的成立条件 图表28-1

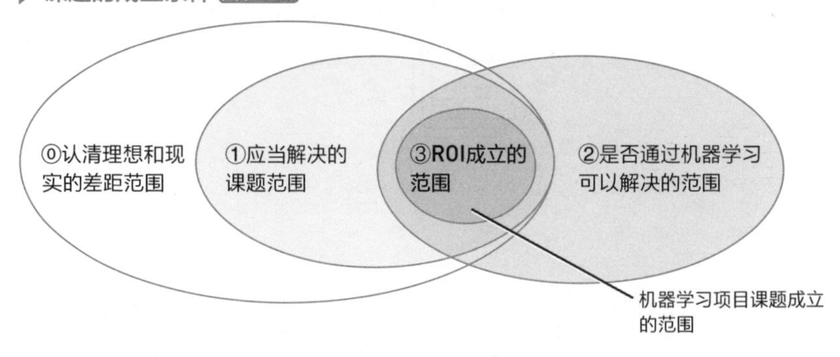

条件①“应当解决的课题范围”

在企业活动中，低效、不便、不满等问题很多。这些问题多数情况下，没有非常有效的解决方法，或者根本就无法解决。这些不能作为机器学习应当解决的课题。

机器学习项目课题成立的第一个条件是“课题应当解决”。应当解决指的是“①解决后能产生效果，②效果可以测定并能客观理解，③原本就可以解决”。总的来说，比起模糊的问题，更重要的是找出满足上述要点的课题。

为了设定正确的课题，大家应该理解的是，机器学习只不过是解决课题的众多方法之一。在机器学习项目中，我们应当正确理解课题是项目的起点。

思考“解决后能产生的效果”

以销售额不高为例。要想提高销售额，有“改良商品”“强化促销”“降低价格”和“改善售货员的接客态度”等方法，但是应当选择哪种方法，需要根据销售额不高的原因来决定。

以“价格太高没人买”为例，可以通过降低价格来增加销售额。如果商品太贵，无论怎样促销都不会有人买。所以“解决后能产生效果”说的就是“问题的原因和课题相符”。

要点　抓住问题的原因，而不是问题本身

“销售额不高”这个问题并不是需要解决的课题。发生这样的问题是有原因的，所以需要解决的是原因，而不是问题本身。因为大家总是关注问题本身，所以我们需要看清问题背后的原因。

思考“效果可以测定并能客观理解”

应当解决课题的第二点是“效果可以测定并能客观理解”。

在提高销售额的例子中，我们考虑“如何确定价格调整对销售额产生的影响”。如果采取的措施只有价格调整，那么通过测定措施实施前后销售额的变化，就能排除来客人数的变化对价格的影响。

另一方面，影响销售额的主要原因之一是“售货员接待客人的态度是否变好了”，这方面，如果不对客人进行问卷调查，就无法定量化地看出效果。

如何具体解决课题

最后，如果价格根据本公司的判断自由修改的话，就满足了“原本就可以解决”的条件。

如果销售额不高的原因通过制定合适的价格得以解决，那就是“为了恢复销量可以解决的课题”（图表28-2）。

如果商品价格是由供应商和政府决定，企业自身无法自由制定，那么就无法满足“原本就可以解决”的条件，就不能成为解决的课题。

▶ 条件①应当解决的课题 图表28-2

①解决后能产生效果 ＋ ②效果可以测定并能客观理解 ＋ ③原本就可以解决

↓

应当解决的课题

想要作为能够成立的机器学习项目的课题，还需要满足剩下的两个条件，即“通过机器学习能够解决”和“ROI成立”。我们接下来将进行解说。

条件②“通过机器学习能够解决”

第二个条件是“课题通过机器学习能够解决”。不能理所当然地认为“使用机器学习就能解决课题”，以此为出发点的话，目的和方法就错了。另外，必须要注意的是，不使用机器学习也能解决。在这种情况下，要仔细考虑解决方法，选择更简单的方法。所以需要注意的是，不要以“通过机器学习来解决课题”为目的（而是以“解决课题”为目的）。另外，通过机器学习能够解决的课题是什么，我们在第29节中进行解说。

条件③“ROI成立”

第三个条件是“在ROI允许的范围内成立”。在机器学习项目中需要仔细评估ROI。

机器学习是否能发挥足够的效果，取决于所提供的数据的质量和数量，这一点是很关键的。因此，即便其他公司用同样的课题解决了机器学习项目，也不代表本公司准备的数据能够得到同样的结果。

在以往的ERP（企业资源计划）系统中，基本的功能大致都是输入数据的格式统一、数据的计算、数据积累，以及信息可随时浏览。因此，几乎不会发生“其他公司能实现的事情在本公司的技术上不能实现”的情况。

但是，机器学习的精度会根据数据的质量和数量而大幅改变，存在着“不尝试一下是无法知道”的性质，所以比起其他的系统投资开发，慎重地讨论ROI非常必要。

要点　为了不造成机会损失

采用新技术可能会达不到期待的结果，造成“虽然使用了机器学习但是失败了”的印象。这样，今后采用机器学习的门槛就会变高，对企业来说，今后会带来重大的机会损失。从这个意义上说，机器学习项目的课题需要经过慎重讨论以满足本课陈述的三个条件。

29 理解什么样的课题可以通过机器学习解决

本节要点

在上一节中，我们展示了机器学习项目课题设定的三个条件。本节我们对第二个条件“机器学习能够解决的课题”进行详细解说。

从“识别”“预测”“执行”3方面考虑对工作的适用性

在第2章中，我们从背景和结构方面对机器学习的“识别”和“预测”进行了解说。在讨论业务和服务等实际工作的时候，我们从“识别”“预测”“执行”3个方面来了解机器学习的用途，如图表29-1所示。

关于“识别”，我们以“从店面的大量顾客数据中识别高额消费者”为例。从居住地、家庭构成、购买的其他商品等特征中，可以“识别”高额消费者的特征。针对来店次数少的新顾客，也可以“预测”他们是否会成为高额消费者。如果知道了这一点，就可以通过赠送样品等方式进行有效的推广。

关于“预测”，店面要预测必要商品的订购量，可以从工厂和机器设备的数据中，预测每日的生产量和成品率，以及故障何时发生等。

在物流中，预测物品的数量可以控制必要的车辆和人员数量。在信用卡行业中，从卡片的使用记录中可以识别盗用。另外，根据公司内部的人事系统数据，可以预测离职概率高的员工。

关于“执行”，就是适用机器代替人类的五感进行作业。使用机器学习和自然语言处理，AI可以代替记者自动生成报道，也可以代替设计人员从图像数据中自动设计徽标。汽车的自动驾驶也是代替了人类的驾驶操作。这些“执行”作业，通过机器学习都可以实现。

通过机器学习扩大AI的使用用途 图表29-1

用途	副用途	具体事例
识别	信息的判别、分类和检索（语言和图像等）	• Web检索、图像检索与歌曲检索 • 图像分类、整理 • 语音输入、检索
	理解语音、图像和动画的意义	• 情感把握 • 通过活检图片诊断癌症 • 对视频内的物体和图片进行替换
	异常检测与预知	• 错误（故障）检测与预知 • 天灾检测与预知 • 嫌疑人的发现与预知 • 发现潜在客户（金融） • 解约客户的预先掌握（通信）
预测	数值预测	• 销量与需求预测 • 经济指标预测 • 选举结果预测 • 保险风险预测 • 信贷评分 • 癌症风险评估
	需求与意图预测	• 推测用户兴趣 • 掌握消费渠道 • 推测感兴趣的衣服 • 个人的订货预测 • 优化促销时机
	匹配	• 内容匹配广告 • 网站自动接待 • 商品推荐 • 检索广告
执行	生成表达	• 摘要与文章撰写 • 翻译 • 作曲 • 绘制插图
	设计	• 图表制作 • 徽标设计 • 网站设计 • 药物的分子设计 • 建筑的物理设计 • 制作食谱
	行动的最优化	• 游戏攻略 • 配送路径的优化 • 开店场所的优化 • 个性化医疗
	行动的自动化	• Q&A对应 • 汽车的自动驾驶 • 盖上盖子等手工作业 • 保险的索赔处理 • SEO的自动调整 • 烹饪 • 手术

出自：安宅和人《人工智能怎样改变商业》[哈佛商业评论（2015年11月刊）]。

[用于机器学习的数据种类]

30 理解对课题可用的数据

本节要点

在上一节中，我们掌握了应该做的机器学习课题。在本节中，我们将关注机器学习的数据，具体来说要理解数据的种类。

应用于机器学习的数据示例

讨论机器学习课题时，应该确认的是数据的种类和来源。在第29节的图表29-1中列举了如何根据课题类型来考虑相关的数据。

如果手头没有数据，而且很难获取的话，就不能采用相应的课题。所以，我们要考虑候补课题，以及确认获取数据的可能性。

关于数据的获取，必须要确认本公司现有系统中是否有合适的数据，除此之外，政府机关提供的各种公开数据也是有效的。另外，调查公司也会提供有偿的数据提供服务。

另外，即使现在没有数据，也可以通过设置摄像头和传感器等，来获取新的数据。例如，可以从摄像头中获取室内外人流的流量数据。

虽然说了很多次了，但仍然需要强调，机器学习项目成功与否，取决于是否有质量高的大量数据。所以必须准确把握本公司已累积的数据。

了解数据的来源

机器学习中可以利用的数据类型，完全取决于课题。作为参考，图表30-1列举了数据的持有者、数据的来源和数据的内容的例子。

▶ 机器学习项目可利用的数据示例 图表30-1

本公司的数据

数据的来源	数据示例
基础业务系统（ERP等）	订购数据
	下单数据
	库存数据
	会计数据
	生产数据
	人事数据
	考勤管理数据
	客户数据
	营业活动数据
	各种单据、报告等
交流工具	邮件日志
	日历信息
	聊天日志
	公司内部SNS日志等
电子商务系统（CMS等）	商品说明
	商品图片
	评论
	浏览历史
	购买记录等
呼叫中心管理系统	语音数据
	电话对应日志
	FAQ参考日志等
传感器	机器运作传感器日志
	监控摄像头图像数据等

机关和政府部门的数据

数据的来源	数据示例
各种统计数据	气象数据
	经济统计数据
	人口动态数据
	家庭消费数据等

数据提供企业（调查公司）的数据

数据的来源	数据示例
店铺POS和消费者调查等	零售店销售数据
	消费者数据
	传单刊登的数据等

数据提供企业（大规模服务运营商）的数据

数据的来源	数据示例
服务利用者的终端数据	SNS利用数据
	位置信息数据

本公司内可以获取的数据

数据的来源	数据示例
摄像头	图像数据
	视频数据
各种传感器	语音数据
	机器运作数据
	人流数据等

虽然根据可使用的数据能够想到应该解决的课题，但是也要注意同时会想到很多不应该解决的课题。

识别作业可以代替多少人工作业

探讨通过机器学习提高效率的时候，一种有效的观点就是可以“代替人的感官”。例如，“为了自动化手动操作，可以使用移动设备传感器”。

图表30-2 整理了可以从人的感官获取的数据。比如从“眼睛”获得的信息，可以通过摄像头获取的图像和视频代替。另外，从“耳朵”获得的信息，可以通过麦克风获取的语音代替。现在机器学习中使用的数据，主要就是这些图像、视频和语音数据。

▶ 代替通过五感信息手工作业的可能性 图表30-2

输入来源	感觉	感官	设备	生成的电子数据	实用阶段	手工作业的例子
光线	视觉	眼睛	摄像头、OCR	图像、视频	足够实用	目视检查和核对作业
声音	听觉	耳朵	麦克风	语音	足够实用	敲击声音检查和电话
空气、物体	触觉	皮肤	触觉传感器	数值数据等	一定的商业实用性	各种手工作业（熟练工的技术）
挥发性物质	嗅觉	鼻子	化学传感器	数值数据等	同上	香味检查（香料的开发）
溶解性物质	味觉	嘴巴	味觉传感器	数值数据等	同上	味道的检查（视频、饮料的开发）

例如在会计部门，收账款、进货、应付账款、支付、经费申请和收据核对等工作，都需要目视进行对照。如果能利用摄像头来成像、利用OCR来读取发票，就可以通过机器学习来处理。

活用传感器数据的事例

在图表30-3中，从传感器获取的数据有各种用途，但是毕竟是要应用于商业课题，所以为了获取必要的数据而设定传感器非常重要。

例如，笔者支援的复合商业设施运营公司，需要根据每位顾客的兴趣进行宣传销售，以提高比统一宣传更高的收益。为此，根据顾客在设施内是如何活动的，以及在网站上浏览怎样的内容等数据，来推测顾客的兴趣很关键。该公司通过利用电磁传感器获取设施内的活动信息，并获取网站的浏览信息和邮件的开封等信息，在此基础上通过机器学习实现了向每一位顾客提供最适合的推荐信息，成功提高了收益。一旦接触到新技术，谁都会觉得“好像能做点什么”。因此，重要的是“为了解决商务上的课题，而选择必要的技术”的想法。

具有代表性的传感器应用示例 图表30-3

需要测定的对象	传感器示例	用途的例子
摇晃	震度传感器	通过对基础设施和大楼的监控和维护，预测智慧住宅的防盗，把握交通量
压力·气压	压力·气压传感器	产业机器和汽车的装备状态，手表可支持的海拔，龙卷风预测
电流	电流传感器	掌握汽车电池、智能测量仪（智慧城市）的消费电力
水分·流量	雨量·水位传感器	通过智慧住宅控制降雨（天窗的开闭），河流的管理，漏水检测
风量	风量传感器	通过智慧住宅预防中暑
声音	麦克风	通过智慧住宅进行防盗，监控宠物
人	感应传感器	通过智慧住宅进行防盗
窗户和门的开闭	开闭传感器	智慧住宅、公共设施的防盗
图像	CCD/CMOS图像传感器	防盗，在零售店掌握顾客行为
二氧化碳·气体	二氧化碳传感器	智慧住宅，医疗设施的中毒预防，健康管理
位置	GPS	掌握手机和汽车的位置
电磁	方向盘	掌握手机和汽车的去向
温度·湿度	温度·湿度传感器	掌握手机和汽车周围的情况，预测牛的分娩
加速度	螺旋仪传感器	掌握手机和汽车的摇晃，统计步数，检测摔倒
光线	亮度传感器	农业农场的管理，智慧住宅的空调管理

出自：整理自日经大数据“AI·IoT·大数据总览 2017—2018”。

[机器学习系统]

31 理解机器学习“系统化”的必要性

本节要点

为了使机器学习在商业运作中充分地发挥效果，我们需要将其整合进系统后再进行自动化。在本节中，将通过具体的例子来了解“机器学习的系统化”。

机器学习系统化的必要性

正如第30节中所述，人类进行的“识别”“预测”“执行”等业务可以被机器学习代替。但是必须理解的是，“机器学习的算法本身并不能创造商业价值”。

为了让机器学习在实际业务中产生价值，为事业做出贡献，有必要将其组装成“系统”。所谓“系统”，在这里请理解为“一种通过计算机来帮助实现业务效率化以及输入/输出自动化的结构”。

比如，谷歌Gmail等邮件业务的垃圾邮件过滤器中就使用了机器学习的方法。以此为例，我们试着思考一下“系统化”是怎么回事。

机器学习的算法可以区分垃圾邮件。不过，对用户来说，由于存在系统识别垃圾邮件的时间花费，以及用户点开病毒邮件的风险等，邮件的区分功能与接收功能如果不同时进行，对用户并没有什么帮助。所以，检测垃圾邮件的功能只有与接收邮件的功能“系统化”后同时作用，才能真正发挥实际的效果。

如果检测垃圾邮件功能没有被系统化，用户就要自己将接收到的邮件应用到机器学习的算法上，然后只读过滤后的邮件，这样就需要花费多余的时间了。我想这样读者应该能够理解不进行系统化，即使有垃圾邮件的检测功能也并不太实用。

理解机器学习模型实际上是个“引擎”

机器学习模型的作用，类似于汽车的引擎。虽然引擎是汽车的动力源，但是想要发挥这份动力，需要组合包含座椅、方向盘、车身等许多部分的结构。在商业运作中，机器学习就是在通过自动化提高效率的系统里，发挥引擎的作用（图表31-1）。

▶ 机器学习系统概略图 图表31-1

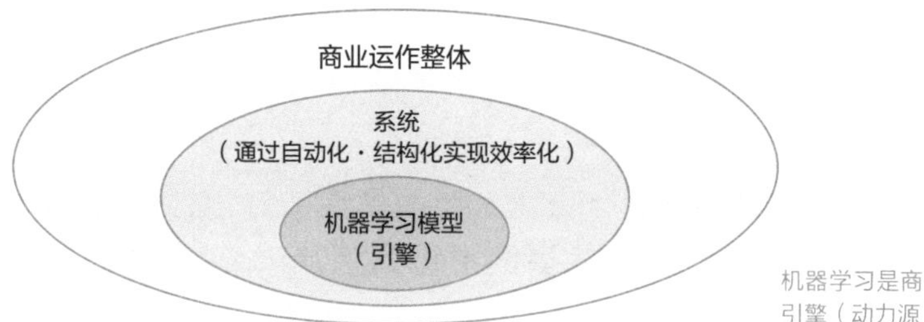

机器学习是商业运作整体的引擎（动力源）。

机器学习的系统化

在检查业务中，用机器学习系统化的示例替换人类进行“识别”作业时，如果不把人“用眼睛看”→“发现异常物”→“去除”这一系列的作业整体作为一个系统结构来自动化，效率就无法提高。换言之，就是用摄像头来进行“用眼睛看”的作业，用机器学习来进行“发现异常物”的作业，用操作装置来进行“去除”的作业这样一个系统结构。不仅仅是检查业务，想要用机器学习的能力来改善任何业务，都一定需要系统化。

▶ 机器学习系统的组成概略图（以检查业务为例） 图表31-2

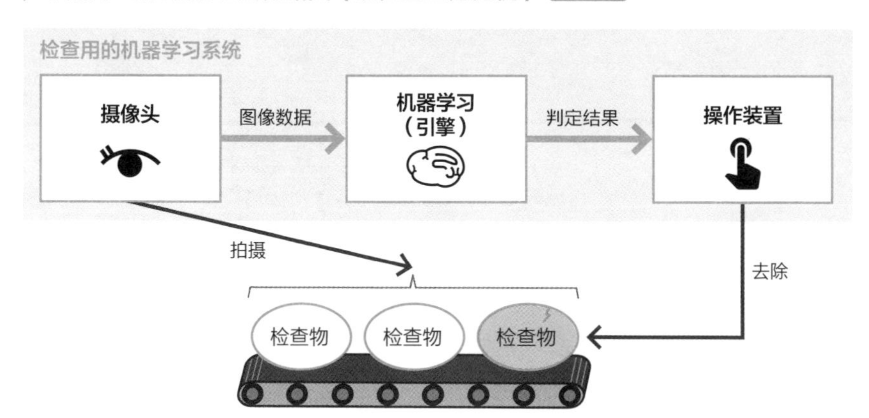

[课题方案的探讨]

32 考虑机器学习项目的候选课题

本节要点

到目前为止，我们解说了推进构思阶段的必要知识。在本节中，将解说实际怎样进行构思阶段。首先，让我们来看看制定主体方案的方法吧。

找到课题的方法①——从事例中得到想法

如第28节中所说，机器学习课题成立的条件是“应当解决的课题”“可以通过机器学习解决”“ROI成立”。那么，怎样才能找到这样的课题呢?

方法大致分为两种。一种是从事例中得到想法。至今我们已经介绍了各种各样的事例，想必读者已经在想“能否把机器学习活用在这里呢”？另外，如果在网站上调查业界相关的机器学习事例，或者查看智囊团的调查报告，也会得到“如果可以做到这个，那么我们公司也同样能做到吧”的想法。

列举的课题是否实际可用，我们将在第33节中解说筛选课题的方法。

找到课题的方法②——从业务流程中找出效率化的余地

另一种方法就是仔细调查业务和服务的各个流程，以“识别”“预测”“执行”的观点提出有改善余地的业务。

例如，如果是“识别”任务，可以在文件之间的对比和转记等业务上考虑必要的目视检查的效率化余地。

如果是“预测”任务，可以考虑“如果能高精度地预测未来趋势，是否能削减无效的业务呢”？在物流业务中，如果能事先预测每天的物流量，就可以调整卡车的台数实现效率化。另外，在餐饮业务中，如果能预测来店客人的人数，就可以减少废弃。

关于“执行”任务，我们可以对本公司花费大量时间的作业进行检查。例如，在仓库中，物品的捆包就是一种花费大量时间的作业。在建筑业中，设计和制图可能就是花费时间的作业。

通过这样的方法，可以想到并列举出改善业务和服务的候补课题。

通过业务流程图表化来精练流程

图表32-1展示了各业务的流程。通过制作这样的图表，就可以全面检查业务，有效推进讨论。特别是横跨多部门的业务，如果对彼此的业务有所了解，可能会有意想不到的改善余地。

▶ 表示业务流程的图表示例 图表32-1

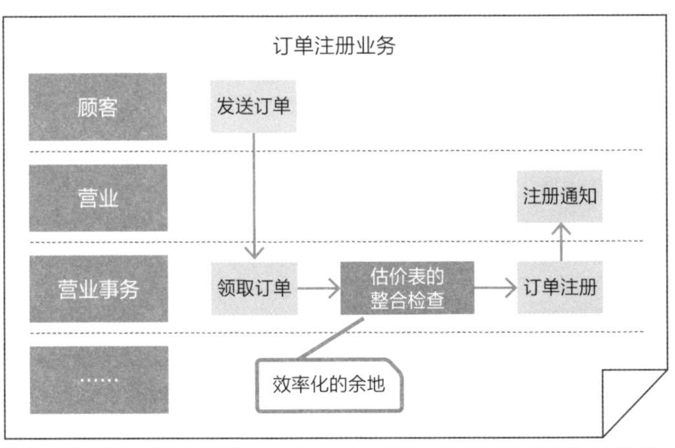

按照部门，将业务流程图表化。在实际业务中使用图表，能找出提高效率的部分。

33 用期望成果和数据利用的可能性缩小范围

本节要点

列举出了候补课题后，接下来就是要筛选课题了。这时使用“可能性”“期望成果”“数据利用的可能性”作为筛选的三个指标。接下来，分别进行解说。

“可能性”和“期望成果”的规模估算

列举了需要解决的课题后，就要整理一下这个课题有多少可以改善的可能性（改善机会）。所谓可能性，就是例如“每个月需要150个小时的工时，人工费是一小时2500日元，所以就有每年削减450万日元成本的可能性”。接着，对于可能性的大小，我们要估算一下实际能取得多少成果，如图表33-1的示例。

▶估算期望成果 图表33-1

· 通过人工操作进行核对、删减处理

删减处理	每月3000件，每件3分钟
作业时间	每月150小时
人工费	每小时2500日元，每月375000日元
人工费（年）	375 000 × 12 = 450万日元

每年450万日元（可能性）

· 通过机器学习系统进行核对、删减处理

文件的电子化处理	每月3000件，每月1个小时
删减处理（电子）	成功率90%（3000件中成功2700件）
删减处理（人工）	每月300件，每月15小时
人工费	每小时2500日元，每月37500日元
人工费（年）	37 500 × 12 = 45万日元

（通过机器学习削减的费用）450万-45万日元

每年405万日元（期望值）

在使用了机器学习的新系统中，只要将纸张文件电子化，负责人只需要检查系统无法比对的错误即可，这样预计能产生405万日元的期待成果。

在构思阶段，期望成果毕竟是暂时的

在 图表33-1 的例子中，假定系统的成功率为90%。但是在进行PoC之前，我们无法确保成功率就是90%，有可能达到99%，也有可能只有85%。因此，期待的成果要根据PoC的结果更新。因为有可能达不到期待的成果，所以要在各个阶段认真估算，确定课题是否有意义。

看清数据可利用性

在整理期望成果的同时，我们探讨一下“数据可利用性”。机器学习的数据是否就在身边？是否有足够的数据？数据能否使用？这些都需要好好确认。

另外，如果要使用新传感器获取数据，在构建机器学习模型之前，也要探讨数据的格式和精度，以及是否能收集到足够的数据。

在 图表33-2 中，使用商业观点的期望成果和数据利用的可能性两个坐标轴来评估候补课题，对课题加上优先顺序，缩小范围。

▶ 缩小候补课题范围的矩阵图 图表33-2

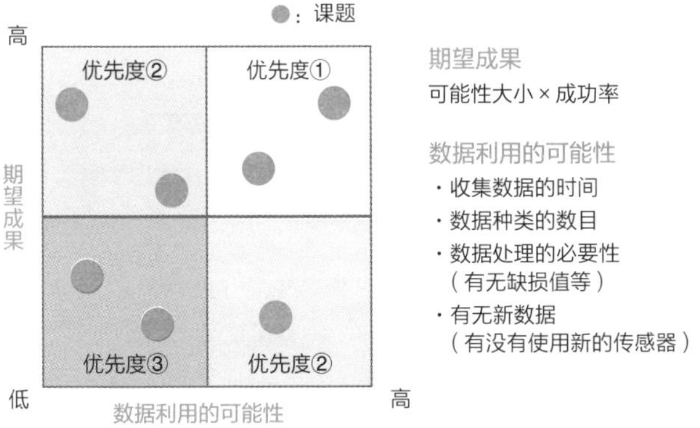

使用矩阵图表示各个主题的期望成果和数据利用的可能性。优先度①的课题应该优先处理。

[设计业务和系统]

34 设计能够应用机器学习的业务和系统

本节要点

缩小范围并确定了课题后，接下来就该考虑如何具体实现了。本节我们介绍如何在业务中活用机器学习，并介绍构成机器学习系统的概要设计。

设计业务中机器学习系统

用上一节介绍的方法确定了课题后，就要设计业务中的机器学习系统，例如将哪个流程效率化等。

具体的方法就是，对第32节中的流程图根据现状进行修改（图表34-1），明确在流程中哪个部分应该要导入机器学习系统。

▶ 导入机器学习系统后的业务流程图 图表34-1

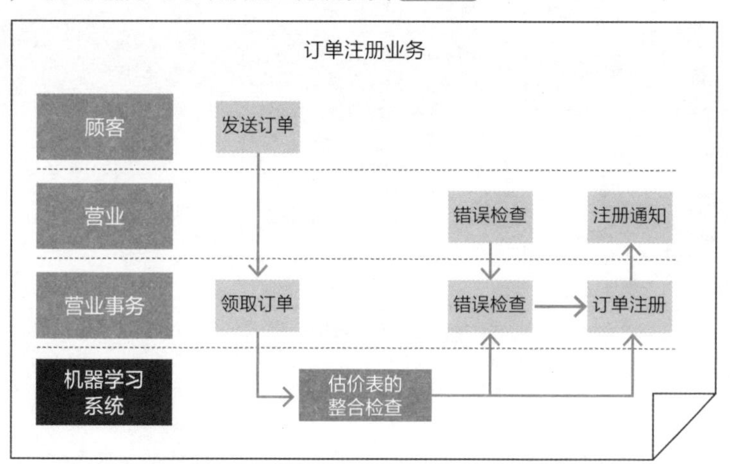

在这个例子中，我们利用机器学习系统来进行估价表的整合检查等作业。

设计机器学习系统的组成概要

在业务中，要想了解机器学习发挥着怎样的作用，可以通过整理流程图，列出必要功能的概要，设计一览图。

制作一览图后，可以通过画图的方式，将机器学习系统相关的部分都整合起来（图表34-2），包括数据的输入来源、机器学习系统内的功能构成以及结果的输出等。

▶ 概要系统结构图示例 图表34-2

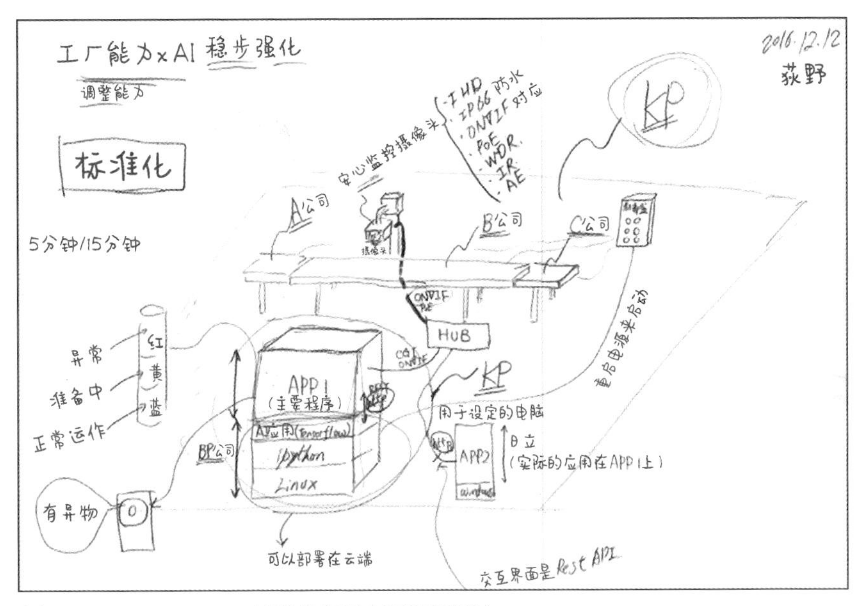

出自：Google Cloud Next Tokyo 2017主题演讲（丘比公司荻野武演讲）
https://www.youtube.com/watch?v=-vKkINIcZtU&index=3&list=PLmoHjhhs3ySFRWcYi3JgN940OuBMNO1LT

系统通过摄像头拍摄的图像数据进行异常判定的构思图。

图表34-2是丘比公司的荻野武手绘的“使用机器学习检查原材料品质”概要结构图。

第4章 确定项目的目标

35 制定机器学习项目的日程

在构思阶段，我们要制定项目的整体日程。有什么任务、什么时候开始、什么时候结束等，对以上内容都要进行计划总结。

在构思阶段制定日程的目的

在构思阶段制定日程，是为了明确机器学习项目有哪些任务、任务需要多长时间，以及取得经营管理层和决策者的同意。

在构思阶段之后，日程的制定还需要考虑到PoC的结果。根据结果不同，制定的日程有可能会发生变动。但是，在项目真正开始之前，需要得到决策者的同意。

这不仅限于机器学习项目，公司内的所有项目都需要相同的讨论事项。必要任务的选择、花费的时间、赶不上进度时的备选方案等都需要进行确定。

精度是机器学习所特有的性质，在投资机器学习项目或者申请获取公司内部资源的时候，要以月为单位，时刻检查精度是否达标。

机器学习项目花费的时间

系统化的机器学习项目，一般所花费的时间如图表35-1所示。当然，根据条件的不同也会有所差异。例如，如果在PoC阶段的前两周内机器学习模型就达到了预期的精度目标，就可能会立刻进入实际应用阶段。

另外，如果使用新的传感器获取新的数据，就需要确保充裕的时间，对新数据进行模型的PoC。在实际应用阶段，如果不进行大规模的系统化，只是在业务层面进行简单调整，就能很快完成目标。

“通过机器学习，代替人的识别任务，根据数值预测来改变业务”的做法，是制定预期时间的前提。在这种情况下，要从构思阶段就开始思考系统开发的项目。

▶ 机器学习项目预计花费的时间 图表35-1

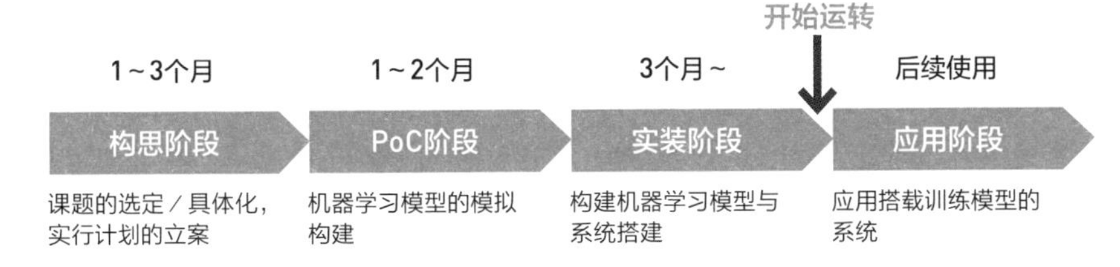

业务和服务改革中所伴随的系统开发的预计时间。

要点 探讨过程执行中的风险

机器学习模型的结果不能要求100%正确。在业务过程中，我们不仅要考虑如何处理误差等风险，也要考虑机器学习项目特有的而一般系统开发所没有的事项，为此预留时间。

[执行体制的探讨]

36 构建机器学习项目的体制

本节要点

本节我们解说机器学习项目的执行是以怎样的体制进行的。商业领域、数据科学领域、工程领域等各领域专家的合理分配是非常必要的。

在构思阶段讨论的理由

所谓体制的讨论，就是讨论“在项目中，以怎样的组织、成员和形式进行关联”（图表36-1）。也就是说讨论“谁拥有怎样的职责，花费多少工时来参与项目”。与日程的制定一样，在公司内进行的所有项目都需要研究体制，向管理层请求批准。但是，在机器学习项目中，实际情况是很难筹措具备相关知识和技能的人员，以至于上述进程难以进行。所以即便是体制的构建，也是项目的难点之一，需要在构思阶段进行好好考虑和调整。

▶ 在构思阶段讨论各阶段所需的人才 图表36-1

构思阶段 → PoC阶段 → 实装阶段 → 应用阶段

分配各阶段的必要人才

项目成功的关键是合理分配有才能的成员。在机器学习项目中，除了拥有适当的知识和技能外，还需要成员对未经历过的课题有积极果敢的挑战气概。

机器学习项目所需的知识和技能

构筑机器学习模型需要 图表36-2 所示的三大领域的知识和技能。

第一个是“商业领域”。拥有商业领域知识和技能的人是将机器学习系统运用到商业活动中的最终责任人。该如何处理模型的结果误差，在系统发生故障时应该采取怎样的操作体制等问题，都应该由这类人才负责探讨，并承担相应的商业责任。另外，“机器学习应该解决的课题”的课题设定也是由这类人才来承担的。

接下来是“数据领域”。拥有数据领域知识和技能的人，精通机器学习所需的数据，起到构建机器学习模型的作用。他们负责构建引导企业解决课题的机器学习模型。一般来说，这类人才被称为数据科学和机器学习工程师。

最后是“工程领域”。为了使机器学习模型能够作为结构进行运转，他们需要负责数据的取得和存储的基础架构，并根据模型输出的结果开发应用等。这类人才承担系统开发的任务。

▶ 构建机器学习系统项目所需的知识和技能领域 图表36-2

①商业领域	②数据领域	③工程领域
与业务和服务相关的知识和技能	构建机器学习模型所必要的知识和技能	系统基础架构的构建，数据的收集、交互、存储，以及应用的开发等知识和技能

要点　专业人士之间的合作是关键

同时具备所有知识和技能的人才极为稀缺。所以在实践中，团队合作非常重要。特别是为了填补领域之间的空白的交流必不可少。在第5章，我们将对每个阶段所需的体制进行详细介绍。

[ROI的估算]

37 估算ROI（投资回报率）

本节要点

正如之前所说的那样，为了推进机器学习项目，要事先估算ROI（投资回报率）。本节将对所期望的ROI水平，以及ROI的估算方法进行解说。

所期望的ROI水平

想要成立机器学习项目的课题，ROI必须在合适的范围内。在 图表37-1 中，企业和部门的决策者会有不同的考量，“作为系统开发投资，3到5年可以产生回报就好了”“市场部门根据市场投资需要，每年都需要翻倍的回报”等不同的要求都会存在。

如上所述，ROI的水平根据决策者而异。最终需要多少ROI应该尽快确定下来。

▶ 投资回报的大致时间 图表37-1

①一般的系统开发投资	3～5年
②机器学习系统的情况	各负责部门自行判断

※ 因为有很多非IT部门，根据事业部门的判断，最终结果会变得复杂多样。

对经营者来说，ROI越高越好，投资回报期越短越好，所以要达到什么水平才能允许开发，在实际进行之前很难说。最好事先调查一下过去IT投资的ROI和投资回报情况。

ROI的估算方法

ROI的计算公式如图表37-2所示。“期望成果的金额”是指通过业务和服务的改善，新获得收益的金额和能够削减成本的金额。

计算ROI所需的成本大致有两个：“作为初期投资需要准备的时间成本”和“应用期间产生的成本”。初期投资是构建搭载了机器学习模型的整个系统所需的投资额，应用期间产生的成本是系统运转后应用过程中所需要的成本。期望的效果金额和成本金额都需要一一细算。如果算错，将影响后续的投资。

实际上，“能产生多少百分比的效果”或“能削减多少成本”这类问题，不实际进行的话是不知道的，但是可以进行一定的估算。另外，根据PoC的结果，也可能更新估算的结果。

▶ ROI估算示例 图表37-2

$$\frac{\text{期望成果的金额}}{\text{投资·成本的总额}} = \frac{\text{机遇回报} \times \text{成功率}}{\text{初期投资额} + \text{应用费}}$$

投资费用的总额，在第二年没有初期投资额之后会减少，但是维护费用的成本会逐年增加。在图表33-1中，期望成果的金额为每年405万日元，但是通常是根据三年或者五年的时间长度估算ROI。

虽然可以参考过去的IT投资项目企划书，但是如果能分解成必要的小项目，进行网罗汇总，并用充分可靠的数字计算，就没什么大问题了。

38 了解有效的方案书的写法

本节要点

第4章的最后将介绍构思阶段的最后一环“方案书的总结方法”。虽说是机器学习项目，但是和一般的事业项目没有区别，下面来介绍制作方案书的一些基本方法。

方案书的基本构成是4W2H

最后，我们需要把之前讨论过的内容总结为方案书作为申请批准的文件。之前讨论过的课程内容包含如下4W2H要素：为什么（Why）、是什么（What）、怎么做（How）、多久的期间（When）、怎样的体制（Who）和多少期望和花费（How much）。一般来说，大家经常听说的是5W1H，但是机器学习项目不需要“在哪里（Where）”，但是需要“多少花费（How much）”，所以成了4W2H，如图表38-1所示。

▶ 方案书的基本构成 图表38-1

①Why：课题背景和目的
为什么要进行该项目？

②What：项目的课题
进行什么项目？

③How：实现的方法（业务和系统的设计）
怎样实现？

④When：日程
什么时候开始？需要多久？

⑤Who：执行体制
谁来做？

⑥How much：投资回报比
需要花费多少投资？能产生多少回报？

如何更好地完成项目

全面考虑的方案书是必不可少的，但是仅仅这样不能说是好的企划。比起说“理论上没有问题，就这么去做吧”，让人欢欣鼓舞、饱含梦想的“赌上未来的可能性”这样的话更能振奋人心。

特别是机器学习项目，与单纯的业务系统不同，因为有着广泛应用于本公司各种业务和服务的可能性，所以结合未来的构想更有效果。

另外，饱含梦想和热情的方案书和报告，不仅仅对于决策者，对于所有成员，也是一种鼓舞。和笔者一起做项目的客户现场负责人就经常给公司内的成员们说：“一定会让投资者们对我们投资。”

无论是怎样的机器学习项目，都和往常一般项目的资料和报告存在普遍性，所以可以适当地学习参考。

要点　风险和对策的报告也是需要的

在4W2H的基础上，根据场合的不同，也要提出项目的风险和对策，这样决策者会更容易进行判断。风险的大小一定要好好描述。

专栏

回答什么问题，解决什么课题

在第4章中，关于如何决定机器学习课题，我们用了很多页面进行说明，连笔者本人都觉得有些啰嗦。

笔者在活用数据的各种咨询项目（不仅限于机器学习）中，意外地发现很多企业都有这样的烦恼：虽然订购了外部的数据分析服务，并接受了帮助，但是最后并没有取得预期的效果。

这样的情况中很多都是打着“活用数据”的名义开始项目，但是过了几年依然烦恼于ROI。笔者听了很多详细的情况后，发现他们还停留在“分析了数据有什么帮助吗?”这个阶段，在含含糊糊的状态下就开始了项目。另一方面，不管是寻求外部的帮助，还是公司内部雇用相应的人才，很多企业仍然在怎样开始项目和怎样改善项目之间绕圈。

通过大数据的浪潮，我们能够感受到投资在“人工智能”“深度学习”上的倾向。但是企业一定要明白自己想要回答什么问题，要解决什么课题。设定课题时，整体课题的必要性很容易被忽略，请一定要注意。

构思阶段的任务之一就是确认ROI，对于怎样产出项目的效果、怎样实现投资回报，都要深思熟虑。

第5章 确立项目的体制

在机器学习项目中，人员体制是左右项目成功与否的关键，本章一起来了解召集人才的关键要点吧。

[适用于各阶段的体制]

39 了解每个阶段需要的人才

本节要点

机器学习项目的特点是：需要"商业""数据科学"和"工程"三个领域的知识和技能。本节我们来确认在各个阶段中，每个领域知识和技能的必要性和区别。

机器学习项目需要的人才类型

第4章的第36节中，我们对机器学习项目所需的知识和技能的领域进行了解说。简而言之，正如第36节中图表36-2所示，需要"商业""数据科学"和"工程"这三个领域的知识和技能，但是几乎没有同时掌握三个领域知识的人才。所以，拥有各专业人才之间的团队合作非常重要。

这些人才在每个阶段的责任会发生变化。例如，在构思阶段，商业领域人才的作用很大，工程领域人才的作用则相对较小。而在应用阶段，工程领域人才的作用很大，商业领域人才的作用则变小。关于每个领域人才在各个阶段的作用和变化，我们在图表39-1和图表39-2中进行了描述。

整合三个领域的人才，可以实现整体的目标。把握各个领域的不同是很重要的。从下一节开始，我们从商业的角度来讨论各个阶段的要点。

▶ 每个领域在各个阶段的职责变化 图表39-1

	构思阶段	PoC阶段	实装阶段	应用阶段
商业领域的职责	制定商业上具有价值的课题和项目的整体计划	从商业观点对PoC的验证项目进行整理和评价	项目全体的进度、课题和风险的管理。以商业观点检查测试项目	业务和服务中的质量保证
数据科学领域的职责	精通可用的数据，研究课题的可行性，以达到课题的选择目的	构建机器学习模拟模型，来满足业务和服务要求的精度	完成机器学习模型，统合进系统中	调整机器学习模型的精度
工程领域的职责	系统概要设计，进行投资额的估算	整备PoC的系统环境	数据的输入、交互、存储、预处理、模型的执行和程序的开发	监控开发的系统和发生故障时的应对

▶ 各个阶段所需的专业性的领域变化 图表39-2

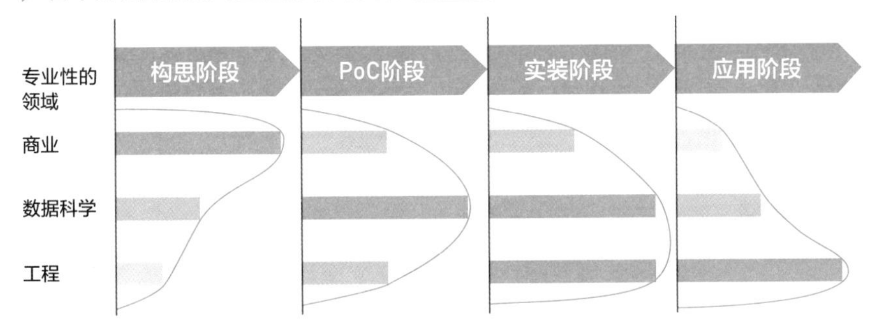

随着项目从构思阶段到应用阶段的进展，重要性从商业领域到数据科学领域，再到工程领域不断地发生变化。

40 抓住讨论的要点

本节要点

在本节中，针对三个领域专家持有的不同专业性意见，我们一边设想机器学习存在的场景，一边理解专家彼此关注点的不同，并找到达成一致的方法。

设想场景①——构思阶段的课题提出

在构思阶段提出课题的时候，商业观点重视期望成果的大小和课题的新颖性，如 图表40-1 所示。但是从数据科学的观点来看，课题能否实现是很重要的，不得不考虑“数据能否实现”的问题。工程观点在意的是机器学习系统整体能否实现、成本和日程是否合适。后两个领域的专家从构思阶段到PoC再到最后，都会比商业领域专家的想法更消极一些。

▶ 提出课题方案时的立场差异 图表40-1

	商业的“想做”	数据科学的“能做”	工程的“能做”
商业	做这个课题很有趣！	做这个有什么有趣的呢？	虽然价格低，但是有什么效果吗？
数据科学	虽然有趣，但是能做吗？先看看数据吧……	这个课题可以做！	有高精度吗？
工程	很在意实装的成本……	难以想象实装的场景……	这个课题低成本就能完成！

➡ 商业价值和实现可能性的双方能取得一致的课题

设想场景②——构思阶段的日程制定

在日程制定中，特别是作为商业的立场，什么时候能显示成果是最重要的事项。而从数据科学和工程的角度来说，如果不经过PoC和模型构建，很难预测之后的日程（图表40-2）。所以需要找到商业要求和实施可能性之间的平衡。

日程立案时的立场差异 图表40-2

	商业的“想做”	数据科学的“能做”	工程的“能做”
商业	下季度想向决策层汇报	好的，3个月就可以了	和技术人员说了再决定吧
数据科学	如果不先做预测PoC，不知道后续会怎样……	结合PoC和实装来看，保守估计要3个月	不试试看，不好说
工程	成果是什么？如果只是构建模型，和我没什么关系……	结合应用程序的实，最好半年……	模型构建好的时间决定之后的日程

➡ 不要急于求成，合理的日程安排很重要

设想场景③——ROI实现方法的讨论

数据量和实现功能的不同影响着成本，但是要保证效果，就需要充足的成本。数据和功能的实现是很必要的，但成本会变得很高。所以需要在两者之间找到平衡点（图表40-3）。

讨论实现方法和估算ROI时的立场差异 图表40-3

	商业的“想做”	数据科学的“能做”	工程的“能做”
商业	如果几千万的成本能实现，ROI就非常不错	能实现功能，多少成本都行	如果这样，ROI无法成立
数据科学	PoC在两个月内结束就没有问题	想用过去所有的数据进行训练	模型构建的成本考虑进去了吗
工程	成本只有这么点，没法实现必要的功能	如果那样，基础设施的成本会高得不得了	一些功能要做成通用的，另一些要做成特定的，需要好几千万吧

➡ 总括所有需要花费成本的项目，在ROI允许的范围内，调整实现方法

设想场景④——PoC阶段

随着PoC阶段的推进，可以开始看到对机器学习系统的一个评价。因此从商业角度来看，要尽早完成PoC阶段（图表40-4）。但是从数据科学的角度来看，因为需要预处理等实际工作，无法达到商业领域专家要求的速度。另外，从工程领域来看，PoC和实际的环境毕竟是不同的。

PoC的结果说到底只是一个探索尝试，一定要和正式的安装实施分别对待。

PoC阶段的立场差异 图表40-4

	商业的"想做"	数据科学的"能做"	工程的"能做"
商业	下周想把结果给董事长看一下	结算罗列了那么多数字，也看不明白啊	很好，赶紧给董事长看吧
数据科学	数据检查和预处理等工作一周完成不了	产生高精度的好结果了	看起来不错，但是如果无法实际安装怎么办
工程	说起来，真实环境都还没有构建呢	现在开始要考虑真实环境下的实装了	初始原型做好了

➡ 请理解PoC的成果说到底只是一个试验性结果

➡ 正式的安装实施与PoC要分开对待

需要专家之间合作配合的课题，一定要理解对方的立场，达成彼此能接受的目标，带着为对方考虑的意识推进项目。在第6章中，我们会详细解说PoC阶段的相关知识。

合作的理想状态

为了能达成专家间的合作，站在对方的立场进行交流是很重要的。为此，要摆出理解对方的态度，还要灵活地讨论是否要取消自己这边的某些制约。

取消制约是什么？例如“将使用三年的数据改为两年，来减少成本”，但是这样做会降低精度，所以“精度的制约”就是一种限制。

在体制方面，能够连接三个领域的人才也很重要，有能够作为桥梁的人才在项目中非常关键，是成功的一环，如图表40-5所示。

▶ 合作的模式 图表40-5

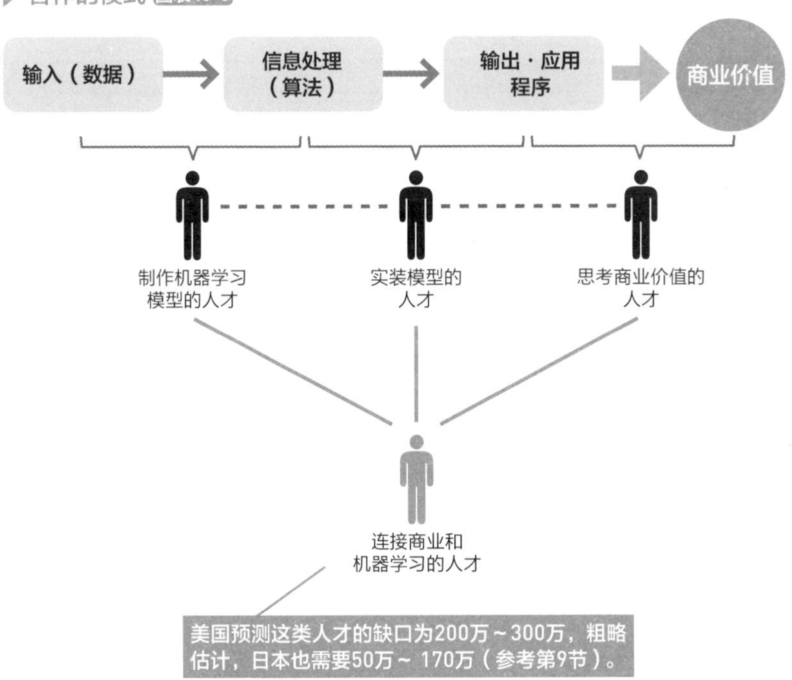

参考：Norihiro Shimoda（2017）"How should engineers survive during AI era".

第5章 确立项目的体制

[利用外部的合作伙伴]

41 探讨向外部合作伙伴企业的支援请求

本节要点

如果公司没有像第40节中所列举的人才，就需要向外部合作伙伴请求支援。在本课中，我们解说选择合作伙伴时要注意的事项。

机器学习项目的支援合作伙伴

“商业”“数据科学”“工程”领域的人才到底有多少呢？先不说商业类，光是数据科学和工程类就很少，Facebook、Google、Microsoft等企业另当别论。在日本，不以技术为本的企业里，几乎没有这样的人才。

要想快速实现机器学习项目，最有力的方法就是“选择外部合作伙伴”。实际上，在将机器学习导入业务并取得成果的企业中，除了一部分的Web服务企业，大部分都是委托外部公司请求合作支援。

在第3章解说的机器学习所需的资源中，我们介绍了提供人力资源分析服务公司、咨询公司和系统开发公司等，都可以作为支援合作伙伴。

第1章介绍了如何补充人才不足，这对日本企业来说是一个很大的课题。所以如果想要快速推进项目做出成果，依靠外部帮助是一个非常合理的选项。

请求外部合作伙伴企业支援的时机

在请求外部合作伙伴企业支援的时候，具体应该从哪个阶段开始、以怎样的形式得到支援才好呢？虽然需要根据本公司的实际情况来决定，但是我们用图表41-1来大致分类一下。

▶ 请求外部合作伙伴企业支援的模式 图表41-1

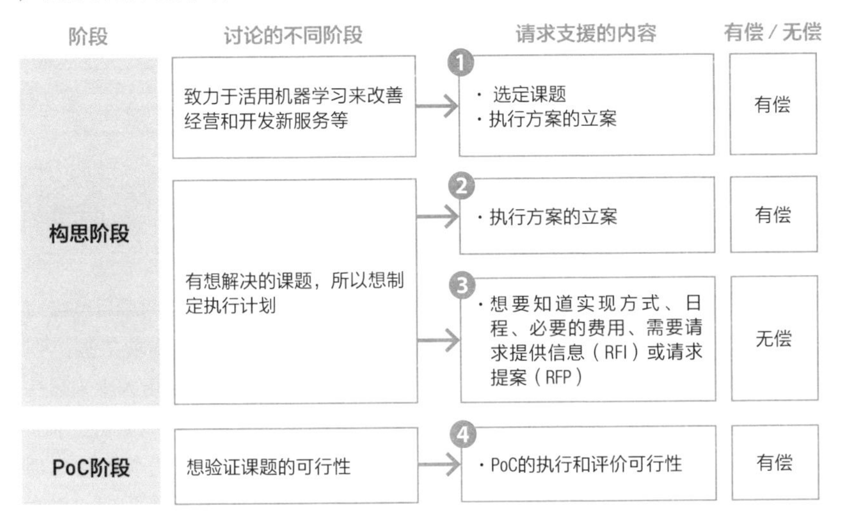

阶段	讨论的不同阶段	请求支援的内容	有偿/无偿
构思阶段	致力于活用机器学习来改善经营和开发新服务等	① ・选定课题 ・执行方案的立案	有偿
构思阶段	有想解决的课题，所以想制定执行计划	② ・执行方案的立案	有偿
构思阶段	有想解决的课题，所以想制定执行计划	③ ・想要知道实现方式、日程、必要的费用、需要请求提供信息（RFI）或请求提案（RFP）	无偿
PoC阶段	想验证课题的可行性	④ ・PoC的执行和评价可行性	有偿

要点 选定外部合作伙伴时的注意事项

在图表41-1的模式③中，仅凭RFI和RFP的信息，合作伙伴企业对项目的理解程度有限。因此，还需要将风险评估得更大一些，而且由于不知道期望成果有多少，所以可能会提出不考虑ROI等金额。为了防止这样的事情发生，要尽可能提供这些信息。另外，为了降低总成本，最好不要在各个阶段改变合作伙伴，例如，在构思阶段的合作伙伴在后续阶段可能缺乏专业性，可能会将其替换掉，但是这么做成本可能会提高。另外，在PoC阶段取得好结果的机器学习模型让别的合作企业来实现，有可能会降低精度，导致质量下降的风险。

[合作伙伴的选择标准]

42 确定选择合作伙伴的标准

本节要点

委托外部合作伙伴支援机器学习项目时，选择哪个合作伙伴关系到项目的成败。那么，应该以怎样的标准来选择合作伙伴呢?

外部合作伙伴的选定应该从项目成员的身上进行判断

面对分析服务公司、咨询公司、系统开发公司等，如果不知道该委托哪家公司来支援项目，可以根据对项目的正确理解作出相应的选择。但是与机器学习相关的技术专业性很强，外行人很难作出判断。

即便是大企业，提案内容也未必稳妥，是否有充分的机器学习项目业绩应该作为选择合作伙伴的重要依据。但是，即便企业有业绩，负责人也未必有经验。因此，仅从企业的规模和业绩来判断，也有不少风险。对于实际参与项目的成员，应该按照图表42-1那样来选择合作伙伴。

企业有丰富业绩，内部成员会共享经验，项目的品质更有保障。但是，实际项目成员的能力差异也必须考虑。

▶ 选择外部合作伙伴时的评价指标 图表42-1

圆圈标签	领域	评价指标
商业	商业领域	・充分理解顾客的业务整体情况 ・高标准的企划提案能力（课题设定、解决方案的设定、沟通能力）
数据科学	数据科学领域	・把握数据的构造和含义的能力 ・机器学习模型的实操能力（预处理、选择合适的算法、选择变量、微调）
工程	工程领域	・能够确保具有各种性质的大量数据的整合能力，以及应用程序的设计和系统的架构能力 ・能够确保机器学习模型的精度水平和商业要求的性能的平衡
通用	通用（心理层面）	・挑战前所未有的事情的气概 ・能负责任地面对各种结果
通用	通用（知识和技能层面）	・机器学习项目丰富的经验，足够的执行能力 ・充分了解客户企业的情况，能灵活应对各种变化 ・对顾客的商业价值有贡献的渴望

机器学习项目中，还有很多前所未有的课题需要解决，所以不仅需要必要的知识和技能，也要有挑战并做出成果的气概，心理层面也是重要的评价指标。

43 向分析服务公司请求帮助

本节要点

本节我们来解说分析服务公司的业务内容和合作时的要点，请根据自己公司的需求进行参考学习。

数据分析公司的服务是什么

商谈如何活用自己公司的数据与构建机器学习模型相关的数据服务想要外包，都可以选择数据分析的专业公司。通过与被称为“数据科学家”的专业职位以及精通大数据梳理的工程师们共同努力，一同解决课题。

正如第1章所说，“人才不足”是从事AI课题的主要短板，日本有超过半数的企业都存在这个问题。图表43-1中，在本公司没有人才的情况下，启动机器学习项目时，借助提供数据分析的外部企业的力量是必要的选择。委托数据分析公司，不仅可以构建机器学习的模型，还能针对活用数据进行各种咨询。

▶ 委托分析服务公司的背景（例子）图表43-1

- 本公司有数据，但是不知道怎样活用才能找到商业意义
- 本公司有数据，也有活用的场景，但是没有有能力的员工
- 想通过新的传感器获取本公司没有的数据并加以利用，但不知道怎么进行
- 希望了解关于产品的选定、分析环境的构建、数据分析部门的成立、现有数据部门的改革等
- 想活用本公司没有的深度学习技术
- 想要将数据驱动的决策纳入日常业务流程，成为公司的文化

通过数据分析公司支援的机器学习来改善业务

在向数据分析公司咨询时，要根据课题、预测识别的对象、执行的场景等进行具体讨论。图表43-2中列举了各行业通过机器学习来改善业务的例子。

另外，图表43-3中还介绍了主要的数据分析公司。不仅仅是分析公司提供这类服务，大型的系统开发公司也会提供分析服务。

▶ 使用机器学习改善业务的例子 图表43-2

行业	例子
·制造业 ·消费品	·根据产品需求预测调整产量和原材料的订购量 ·原材料品质检查的自动化 ·通过预测工厂设备的故障来提高维护业务的效率，改善品质 ·对SNS的图像文本进行分析，进行对本公司产品的调查
·金融业	·提高不正当交易的检测精度 ·信贷模式的构建 ·投资组合的优化 ·呼叫中心的咨询应对业务的效率化
·零售业 ·物流业	·根据需求预测订货量 ·配送渠道的优化 ·根据顾客的喜好和兴趣进行推荐
·医疗业	·读取影像，帮助医生诊断

机器学习项目大多机密性很高，实际上有很多尚未公开的事例存在。

▶ 主要提供分析服务的公司 图表43-3

公司名	成立年份	URL
Financial Engineering Group	1989	http://www.feg.co.jp/
Datasection	2000	https://www.datasection.co.jp/
Brainpad	2004	http://www.brainpad.co.jp/
ALBERT	2005	https://www.albert2005.co.jp/
PKSHA Technology	2012	https://pkshatech.com/ja/
Preferred Networks	2014	https://www.preferred-networks.jp/ja/
Mioana	2014	http://www.mioana.com/

2000年之后成立的新公司比较多。除此以外，也有一些提供分析服务的系统开发公司。

［利用咨询公司］

44 向咨询公司请求帮助

本节要点

在考虑使用机器学习变革公司事业的时候，委托咨询公司也是一种选择。在本节中，我们一起来了解AI领域的咨询公司，寻找有效的利用方法。

经营咨询公司的优势

分析服务公司和经营咨询公司的共同点是两者都为客户企业提供人力服务。另外，两者通过提供人力服务来帮助客户活用机器学习，支持AI的实现。但是，两者的擅长领域和立场不同，如图表44-1所示。分析服务公司提供以数据挖掘和机器学习为重点的服务，与此相对，经营咨询公司提供的是其他各种各样的经营改革服务，说到底就是关于“人工智能商业相关构想”的服务。

无论上述哪一种，都需要详细了解客户公司的情况，在构思、实装等各个阶段提供帮助，根据客户公司的实际情况，发挥不同程度的作用，成为可靠的战力。当然，有加强分析服务的经营咨询公司，也有加强经营咨询的分析服务公司，两者的界限正在变得越来越模糊。

要点 如何选择委托对象

我想大家应该都有一个疑问，就是分析服务公司和经营咨询公司，应该选择哪一个帮助机器学习项目才好呢？这其实不能一概而论，要根据实际项目听听参与成员的意见，也要听听其他利用过分析服务和经营咨询服务公司的评价。选择外部合作伙伴的标准，请参考第42节的内容。

比起实际安装，在企划和构思阶段更擅长

分析服务公司以数据挖掘和机器学习为主要服务，一直在持续成长。与此相对，经营咨询公司在2012年左右才开始崭露头角，得益于深度学习技术，抓住商机并进入AI领域。

在全球开展的经营咨询公司，利用AI的可能性和前景，公开记录了预测未来的白皮书，进行关于活用AI的经营意义的考量。例如，笔者经常参考的Mckinsey Global Institute的报告。比起分析服务公司，虽然经营咨询公司在企划和构思阶段更擅长，但是如果将本公司的方案就此交给无法实现机器学习的公司，也很难达成目标。

▶ 分析服务公司和经营咨询公司擅长领域的差异 图表44-1

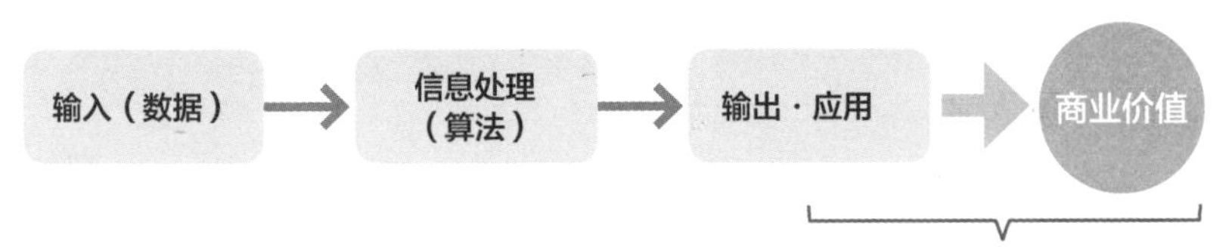

经营咨询公司的擅长领域
（利用AI・机器学习产生新的策划构想，加强经营整体的改革）

分析服务公司的擅长领域
（以机器学习的实际实现为中心的优势）

通过对企业经营者和高级管理层的启发，经营公司对AI和机器学习相关市场的形成和发展也起到了一定的作用。

[活用公司内部人才]

45 确保机器学习项目所需的人才

本节要点

本节将讲解在公司内部推进机器学习项目时，必不可少的人才招聘和培养方法。我们从"招聘网站""人才派遣机构"和"人才培训机构"三方面来看看相关的服务和动向。

怎样确保人才

无法实行机器学习项目的主要原因就是"本公司没有拥有相关技术的人才""招聘相应人才要花不少时间""即便招聘了也不知道如何培养人才"等。在进行机器学习项目时，可以向外部公司"订货"，通过借用相关公司的帮助来培养本公司的人才，作为自己公司人才培养的一个选择。

本公司如果有精通数据科学和工程的人才，可以将他们纳入项目中，确保项目的进行。但是，如果没有这样的人才，就需要招聘培养。这时，我们可以向"人才招聘平台""人才派遣公司"和"人才培训公司"寻求帮助。

▶ 确保机器学习项目所需人才的方法 图表45-1

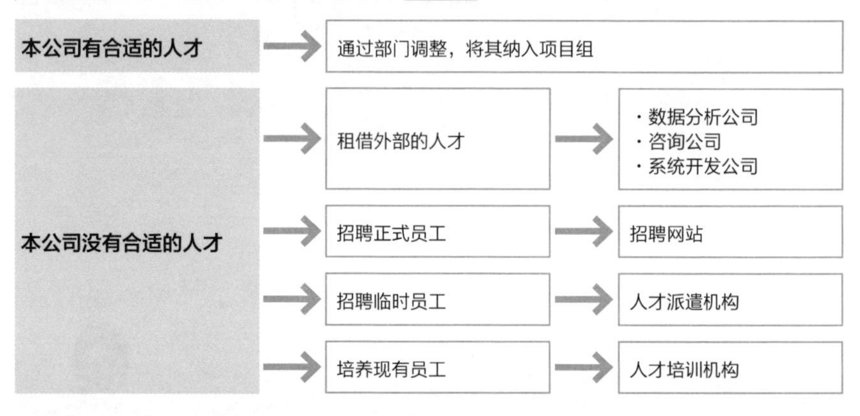

委托招聘网站和人才派遣机构

招聘机器学习项目必要的人才时，可以通过自己公司发布招聘信息，也可以委托招聘网站等渠道。在大型的招聘网站上，会有一些机器学习相关的数据科学家和工程师，但是从市场整体来看还是非常稀缺的。

在这种情况下，从人才派遣机构租赁数据科学家和工程师就成了一个新的选项。但是，由于专业人员原本就比较少，所以各公司之间的人才调度情况也很严峻。

拥有机器学习相关技能的人才现在正处于卖方市场。在招聘这类人才的时候，有必要做好对方要求高待遇的心理准备。

参加机器学习相关的教育项目

让现有员工掌握机器学习技术也是一种方法。虽说可行，但是也要考虑到不是一学习就能立马实践。不要全公司突然大规模地进行学习教育，而是要先明确公司要怎样使用机器学习技术，让精通业务的员工优先去学习。

经济产业省认定了一些作为第四次工业革命的教育课程，图表45-2就是一些精选的课程项目。

▶ 经济产业省认定的课程一览（精选）图表45-2

提供者	项目名
Brainpad股份有限公司	数据科学家入门培训
	数据科学家入门培训（进阶）
Change股份有限公司	数据科学家养成项目
	“AI顾问”培训、AIer培训项目
日本微软股份有限公司	深度学习讲座

出自：http://www.meti.go.jp/press/2017/01/20180110001/20180110001-1.pdf，包括这里列举的课程，经济产业省共认定了13个提供者的26门课程。

46 了解合同形式的特征和注意事项

本节要点

在机器学习项目中委托外部合作伙伴时，合同形式主要分为委托合同和承包合同。本节一起来了解每个阶段典型合作形式的基本内容和特征。

机器学习项目中的合同形式

向外部合作伙伴寻求支援时的合同形式，与订购系统开发和咨询服务时的合同形式一样。大部分情况下是委托合同和承包合同这两种形式（图表46-1）。

委托合同是委托业务处理的合同，在民法上不承担需要完成成果的责任。虽然没有这样的责任，但是会产生利用接受委托方的专业技能来执行业务的义务（善意提醒义务）。承包合同是承担成果完成责任的合同。

系统开发和咨询服务，是由合同或提案书决定成果，再由委托方确认后付费。一般来说，成果的完成责任不属于接受方，但是由于善意提醒义务，接受方需要以此为前提签订合同。关于承包合同，是接受方对成果的完成负有责任的合同形式，对于完成后的问题瑕疵的修正也要负相应的责任。由于成果的明细被详细定义了，所以是采纳执行起来比较容易的合同形态。

▶ 合同的种类 图表46-1

	委托合同	承包合同
合同内容	业务的处理	成果的完成
完成责任	无	无
瑕疵担保责任	无	无

委托合同和承包合同在内容、完成责任和瑕疵担保责任方面是有差异的。

关于派遣合同

在承包合同和委托合同之外，还有派遣合同。这是一种针对特定项目提供支援的合同形态。派遣合同需要提供项目所需的人才，根据委托方的指令进行工作。需要注意的是，派遣的人才需要在委托方的管理和指挥下工作是这项合同的前提。

每个阶段与外部合作伙伴的合同形式

机器学习项目根据不同的阶段，往往需要制定多个不同的合同（图表46-2）。在成果物被完全定义的情况下，委托方往往希望签订承包合同，但是接受方考虑到风险承担，通常希望签订委托合同，关于最后的签订结果，需要双方商量决定。在构思、PoC和应用的各个阶段，成果物常常没有明确定义，一般来说都需要签订委托合同。

▶ 各个阶段典型的合同形式 图表46-2

构思阶段	PoC阶段	实现阶段	应用阶段
委托合同	委托合同	承包合同 或者 委托合同	委托合同

上述都是一般的情况，具体项目中需要根据实际的情况和咨询公司系统开发的合同形式，参考委托方和接受方法务部门的意见，来达成最终的决定。

要点 为了防止出现问题

失败的系统开发项目，有时会发展成诉讼问题。今后，机器学习系统的实施在产业界广泛发展的过程中，很可能会有很多引发诉讼的问题项目。问题项目大多是由委托方和接受方的认识没有达成一致导致的。“我们又没有承认要实现这样的功能”“会议纪要上又没有记录这一要求”等，都会成为争论的要点。所以有必要在签订合同时，对成果物的质量达成明确的协议。

[费用 / 成本]

47 什么是机器学习系统的费用预算

本节要点

向外部合作伙伴请求支援时，当然需要将费用包含在ROI的估算中。在本节中，我们将对外包的单价和机器学习模型实施时的费用进行说明。

机器学习项目相关人员的月人工费

在第4章中，我们阐述了ROI允许是课题成立的条件之一。当然，根据课题的不同，费用也会有差异。不过，在委托外部合作伙伴请求支援的情况下，多数时候人工费会根据单价和投入的时间改变。单价会根据不同公司有所不同，所以每个项目会产生变动。在这里，我们来确认一下费用的预算。

从数据科学相关公司的公开信息※来推算，每个月的平均单价大约为280万日元。各公司的预计单价大约在150万日元到600万日元之间，中间值大约是220万日元。与《钻石周刊》（2017年3月4日刊）报道的300万日元到350万日元的区间相比，虽然价格稍微低一点，但是与系统开发工程师60万日元的单价相比，还是很高的。另外，这个价格大约和大型咨询公司的费用在同一水准了。

※ 利用公开营业额和员工数量的企业数据。包括金融工程集团、Brainpad、ALBERT、Datasection、PKSHA Technology的公司信息。假定非服务部门的员工占15%，服务部门的员工的工时占70%，估算了客户请求的平均每月的人工单价。金融工程集团的营业额和员工数信息来源于公司的主页，其他公司的信息来源于季度报告。计算公式为：年营业额 ÷12（月）÷员工数 ÷（100%-15%）÷ 70%

机器学习项目的行情观

以上述的中间水平220万日元的人工单价为前提，我们试着估算一下机器学习项目的行情。每个阶段所需的时间标准在第35节中已经介绍过。虽然参与人员的规模因项目而异，但这里我们以最低的人数规模为前提，估算了进行机器学习项目时所需的最低限度的标准（图表47-1）。即便拥有商业、数据科学和工程专业的人才合作，大致也需要1个半月的人力。这样，构思阶段和PoC阶段至少各需要300万日元，两个月的时间合计就需要600万以上的费用，3个月则需要900万日元。构思阶段由本公司自己执行，从PoC阶段开始委托给合作伙伴公司，执行完实装阶段也需要2000万日元以上的初期投资。很少有地方会提及这样的预算花费，请大家最好记住。

每个阶段所需的最低预估成本（推算）图表47-1

	构思阶段	PoC阶段	实装阶段	应用阶段
			开始运行 ▼	
（时间下限）	1个月	1个月	3个月	-
（参与人数规模的下限）	1.5人/月	1.5人/月	3人/月	1人/月
（参与人员规模额下限）	大约330万日元	大约330万日元	大约1980万日元	大约220万日元/月

※每人220万日元的单价，是最低金额标准。系统环境所设计的成本因项目不同而差异较大，不包含在估算中。

实际中，每个企业、每个项目都会有单独的估价，所以上述表格只不过是大致的目标。但是，考虑到ROI的问题，有必要预估数千万日元规模的商业效果。因为新闻稿等宣传也会花费一定的费用，关于个别项目的费用，需要每一次都进行估价。

专栏

10年后工作真的会被AI夺走吗

机器学习等技术对工作和人才雇佣的影响有两种不同的论述，我们分别进行介绍。

首先，2013年牛津大学研究小组发表的论文，以美国的702种职业作为对象进行分析，介绍了各职业因计算机化而面临的风险，结果是47%的工作都存在高风险（Frey & Osborne）。论文中写道，“我们并没有考虑已经开始自动化的工作，而是针对多年后可能被自动化的工作”。尽管这些工作可能在10到20年后才会开始被自动化，但是日本却以“牛津大学认定的10年内会消失的工作”为主题大肆报道。

另外，McKinsey Global Institute在2017年发表的报告中，使用现有的技术来预估未来的工作自动化（*A Future That Works: Automation, Employment, and Productivity*）。其结果是，世界各国约50%的工作，日本约55%的工作可以被自动化。但是，并不是说这些工作就会消失。100%完全消失的工作大概只占不到全体的5%，大约六成工作中的1/3内容会被自动化。另外，考虑到成本、法律、社会接受性等因素，要实现这样的自动化，大约要到2055年，根据实际情况，有可能早20年，也有可能晚20年。

根据这些论述，我们的工作是不会马上就发生变化的，但是在机器学习系统和机器人自动化的帮助下，未来的工作方式会发生变化这一点是肯定的。

我们能做的是选择成为被变化的一方，还是成为引起变化的那一方。

很多人都看了牛津大学的那篇报道。但是，实际内容却和日本很多媒体报道的大不相同。另外，专门从事劳动经济学的庆应义塾大学商学部的山本勋教授也评价道，“这样的计算相当粗糙，有很多问题都没有预测到，不可以盲目相信”[安宅、陈、山口、山本（2017）与人工智能（AI）的共存]。

第6章

验证项目实现的可能性

本章将以PoC阶段验证项目实现可能性的方法，解说在数据检查和尝试中构建机器学习模型的推进方法。

48 了解构成PoC阶段的任务

本节要点

在PoC阶段，我们将在构筑模型的同时验证在构思阶段制定的计划是否能实现。在实际进行具体任务之前，要先确认PoC的全貌和目标。

PoC阶段的目标

本章解说的“PoC阶段”位于构思阶段的后一个阶段。进入正式的实装阶段之前，要在PoC阶段验证机器学习模型的构建是否可行，确认能否达成项目目标的阶段。

PoC是Proof of Concept的缩写，意思是“概念验证”，但通常也与“可行性验证”（Feasibility Study）是一个意思。

无论进行哪种机器学习项目，都要通过PoC确认机器学习模型是否能在业务和服务上得到充分的发挥。为了确认这一点，图表48-1列举的“数据／机器学习模型”“操作”“ROI/执行日程”三个观点是PoC阶段常用的评价指标。

▶ PoC阶段需要确认的三个观点 图表48-1

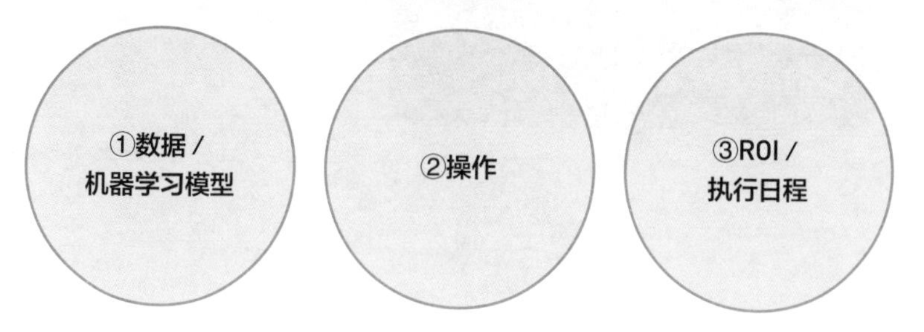

在PoC阶段需要确认的是数据/机器学习模型、操作和ROI/执行日程三个观点。

在PoC阶段应该验证的东西

让我们来一个一个地看一下这三个观点吧（图表48-2）。①的“数据／机器学习模型”是检验“数据是否有必要的数量和质量，机器学习模型能否实现期望的精度和性能”。通过设置新的传感器，取得需要的数据，就需要确认“传感器是否能取得所希望的数据”。关于数据和机器学习模型的评价，我们在第49节和第52节中详细说明。

②的“操作”是指“业务或服务人员是否构建了合适的机器学习系统”，机器学习的识别和预测说到底都是统计，所以不能保证100%的准确率。当模型导出的结果发生错误时，就要确认“会发生什么样的问题”“有没有恢复的方法”，还要验证机器学习模型的执行速度和更新频率在操作上是否有问题。

③的“ROI/执行日程”正如字面意思，是“在构思阶段估算ROI，看其是否有问题，并确认执行日程能否满足商业要求”。

▶ PoC阶段的目标和验证事项 图表48-2

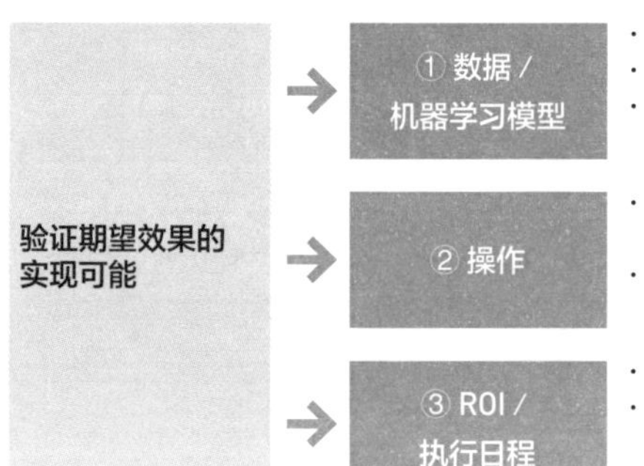

· 是否满足所需数据的质量和数量
· 机器学习模型能否实现期望的精度和性能
· （通过传感器获取需要的数据时）传感器数据的质量是否足够高

· 如果机器学习模型导出的结果有错误，有什么影响？能恢复吗
· 机器学习模式的学习和推论的执行速度是多少？在业务和服务上是否有问题

· 构思阶段估算的ROI能否达成
· 执行日程是否满足商务上的要求

为了验证这些效果，必须制作机器学习模型，进行测试。接下来我们具体看看应该执行的任务。

PoC阶段的任务

为了达成PoC阶段的目标，图表48-3 列出了所需的任务：①数据的评估，②模拟模型的构建，③验证项目的评价。在新设置了传感器的情况下，还需要加入④传感器精度的验证。

所谓评估，就是事前评价使用数据的数量和质量的作业。另外，模拟模型的构建，是指试着构建一个开发阶段应该构建的机器学习系统的原型。

▶ PoC阶段的任务 图表48-3

构思阶段 → PoC阶段 → 实装阶段 → 应用阶段

- 构思阶段：课题的选定／具体化，执行计划的立案
- PoC阶段：机器学习模型的模拟构建
- 实装阶段：机器学习模型的构建／系统的实装
- 应用阶段：应用搭载了机器学习模型的系统

PoC阶段：
①数据的评估
④传感器精度的验证 ※新设置了传感器的情况下
→ ②模拟模型的构建 → ③验证项目的评价

①数据的评估和在构思阶段筛选课题时讨论数据的可用性（第33节）是同样的作业。事先决定好要做的课题，不经过构思阶段直接开始PoC阶段的话，就在PoC阶段实施。另一方面，若要解决的课题有多个候补，可以在构思阶段筛选决定。

PoC阶段的敏捷开发

从图表48-3 PoC阶段各个任务的流程来看，也许会认为这是串联型的工作，也就是说前一个工序结束后立即进入下一个工序，有些错误无法挽回。但实际上，是一边反复进行同一个工序一边推进的。例如，到了③验证项目（模型）的评价阶段，想要的精度还没有实现，就需要重复②中的操作，从预处理开始重做，这样进行探索性的工作。这种设计方法被称为“敏捷开发”（图表48-4）。

为了这样探索性地进行，在委托外部的分析服务公司时，无法要求PoC阶段取得100分的结果。如果能保证成功，就不需要PoC了。虽说“不试一下不知道结果”，但也要大致地预估，并事先确认。委托外部的公司时，不要判断能不能做到，而要预想能够得到高精度，在确认能不能按照要求实现目的的前提下，请求PoC阶段的支援。

▶ 敏捷开发的进行 图表48-4

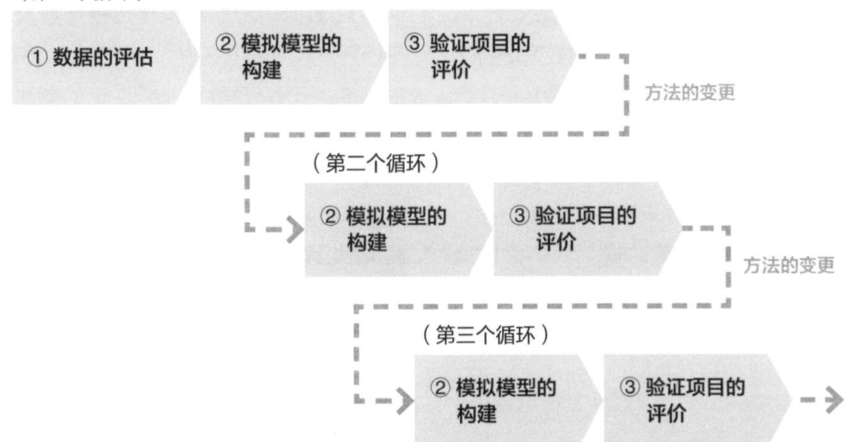

[数据评估]

49 如何评价用于机器学习的数据

本节要点

接下来看看如何从质量和数量的观点，检查机器学习的数据。构造化数据和非结构化数据，虽然方法各不相同，但在这里我们要确认需要注意的是什么。

进行数据的评估

关于数据，在第30节中，我们以设想项目课题的观点，对手头有没有数据、在哪里有数据等切入点，对数据进行了分类。在本节中，让我们来看看在实际构建模型之前进行数据评估的方法吧。

所谓评估，就是确认是否有足够数量和质量的数据来实现模型的过程。在考虑数据评估的时候，我们需要理解结构化数据和非结构化数据的区别（图表49-1）。

关于结构化数据，让我们来复习一下第15节的内容。结构化数据就是具有行列形式结构的数据，也就是说，在企业中，ERP等各种业务系统的数据库中存储的销售数据、客户数据、业务系统之外的管理数据、政府公开的统计数据等，都是结构化数据。非结构化数据是指没有这些格式的数据，也就是图像、语音、视频、文本等数据。

▶ 结构化数据 · 非结构化数据的事例（复习） 图表49-1

结构化数据	非结构化数据
· **各种业务系统中的数据**（下单、接受订单、库存、人事、POS等） · **政府和调查公司的统计数据**	· **图像数据**（商品图片、SNS的投稿图片） · **视频数据**（摄像头视频、电视节目等） · **文本数据**（会议纪要、SNS投稿文字） · **语音数据**（呼叫中心对话记录、会议录音数据等）

评估结构化数据的质量

是否能将数据应用于机器学习，需要从数量和质量两方面来判断。首先，我们来看看结构化数据质量的评估方法。

数据的“质量”可以通过 图表49-2 的观点来判断。“质量”的内容首先要列举的就是数据本身有没有错误。经常会发生数据本身有错误，例如行列错开、数值被四舍五入后小数点错误等情况。除此之外还有各种各样的错误，只能仔细检查数据防止出错。

接下来的问题是数据中含有异常值的情况。异常值对机器学习来说也是非常致命的。通过制定规则可以排除一些异常值。但是，这样有可能没法整体很好地训练模型。我们可以考虑先去除明显的异常值，然后再考虑接下来的对策。

接着，就是数据有缺损的情况。在利用现实世界数据的时候，很少见到数据是完整的状态，经常会发生有一部分缺损的情况。在有缺损值的状态下，由于数据不完整，我们不可以直接使用机器学习。而应该考虑用什么方法可以填补缺损值，或者干脆不用有缺损的数据。

数据错误示例 图表49-2

正确的数据：

	Sun	Mon	Tue	Wed	Thu	Fri	Sat
A	0.089	0.092	0.102	0.362	0.118	0.098	0.124
B	0.533	0.612	0.565	0.432	0.823	0.998	0.984
C	0.902	1.102	1.332	0.805	1.201	1.109	0.856

列错开或有缺损的数据：

		Mon	Tue	Wed	Thu	Fri	Sat
A	0.089	0.092		0.362	0.118	0.098	0.124
B	0.533	0.612	0.565	0.432	0.823		0.984
C		0.902	1.102	0.565	0.805	1.20	1.201

过度四舍五入的数据：

	Sun	Mon	Tue	Wed	Thu	Fri	Sat
A	0	0	0	0	0	0	0
B	1	1	1	0	1	1	1
C	1	1	1	1	1	1	1

评估非结构化数据的质量

当数据是图像、语音、视频、文本等非结构化数据的情况下，机器学习模型进行“识别”“预测”“执行”的方式与结构化数据不同，评估数据的方法也不同。

例如，手工检查食品原材料，可以通过图像用机器学习来代替检查。这时，代替检查人员目视判断的图像就成为数据的质量。如果看了实物能判断是不是次品，而通过拍摄的图像无法判断，机器学习是没法工作的（图表49-3）。这种图像就达不到高质量的标准。使用非结构化数据的目的就是为了让它们能达到人为识别的数据质量。呼叫中心的语音数据中，即便想要将对话内容提炼出来，但是如果有很多杂音，也很难，这样的数据质量也是不高的。

▶ 非结构化数据的评估 图表49-3

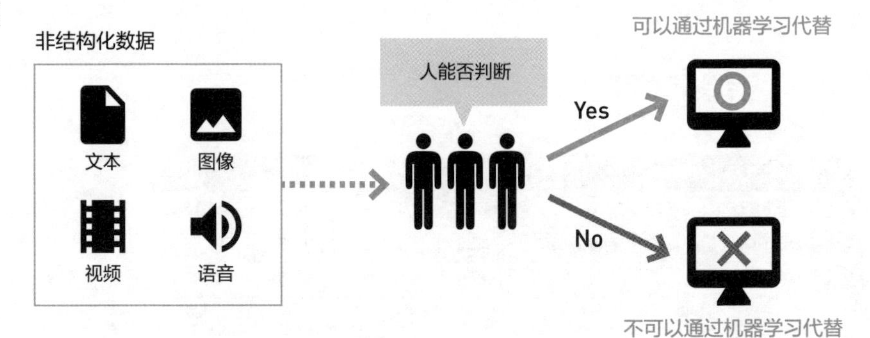

详细内容我们将在第50节中进行说明。在使用机器学习的时候，一旦发现数据质量有问题，就需要找到相应的对策，使机器学习能够工作。这个工作叫作“数据预处理”。因为这个过程没有正确答案，所以只能进行试错。

数据量的评估

从数量的角度对数据评估时，若不进行尝试，有很多部分是不清楚的。如果事先就知道多少数量足够，多少数量不够，就很容易进行划分，但是这是非常难以做到的（图表49-4）。

例如，对于结构化数据，想要预测某商品不同时间的销售量。假设矿泉水的销量和天气气温无关，只和星期几有关，那么仅仅使用几个月的数据就能得到很高的精度。但是另一方面，啤酒的销量和季节以及活动的关联很大，一年中的变数很大，只用几个月的数据是不可能预测成功的。像这样，在实际处理任务之前，很难事先预测到有什么样的趋势，使用怎样的变量有效，所以事先定义必要的数据量是难以做到的。那么非结构化的数据也是同样，很难事先定义必要的数据量。使用图像的机器学习事例，往往需要几千幅图像才能成功构建一个机器学习模型。

▶ 预估的数据量 图表49-4

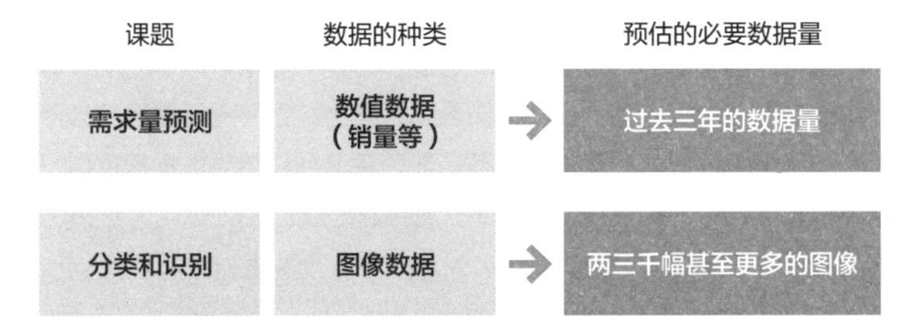

国立信息学研究所以考取东京大学为目标开发的东大机器人，在几所大学的入学考试中取得了合格的成绩。例如，为了英语科目的合格，英语的训练数据量达到了150亿文字。根据课题和目标的精度不同，这一数据量还会发生变化，所以很难事前就预定一个数据量。

[实体模型的构建]

50 构建用于验证可行性的模型

本节要点

在概述了机器学习系统的处理流程后，让我们来看看构建模型的流程吧。流程并不仅限于PoC阶段的模拟构建，在实装阶段也是一样的。

机器学习系统的处理流程

“用算法处理输入数据并输出结果”是机器学习的大致处理流程，之前的课程中我们已经介绍过了。在这里，我们来更加详细地看看机器学习系统的处理流程吧：从数据源输入数据，再对系统可处理的原始数据进行交互处理和预处理。经过预处理的数据可以作为训练数据输入到系统中，然后进行模型的推测任务。最后将得到的结果数据根据自己的课题需要进行相应的处理（图表50-1）。

最后，为了像图表50-1那样构建系统，在PoC阶段就要首先进行验证。PoC阶段构建的机器学习模型只是一个暂时的状态，也就是说，只是为了验证构想的可行性。接下来我们对机器学习中关键的预处理、训练模型的生成，以及推论处理进行解说。

要点 交互界面处理是什么

交互界面简单来说就是把不同的系统连接起来进行合作的程序。伴随着数据的转换处理等，有时候也被称为ETL处理（Extract：提取，Transform：变换，Load：加载）。

▶ 机器学习系统的处理流程 图表50-1

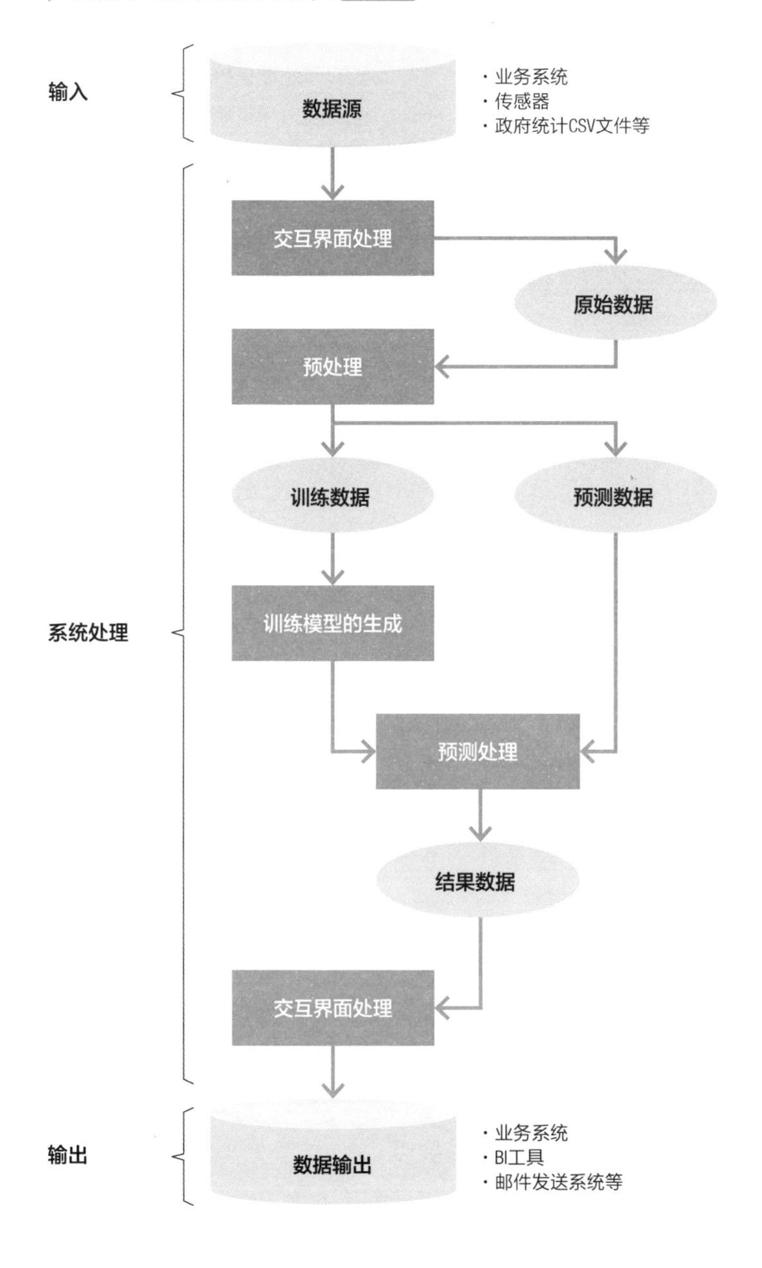

数据的预处理

像上一节说过的那样，预处理就是评估数据时进行检查，对数据错误、异常值和缺损值进行加工、整理，让数据成为可以应用在机器学习模型上的状态。在实装阶段，机器学习系统会自动对数据进行预处理，但是在PoC阶段，应该怎样进行预处理来试错推进项目呢?

数据的预处理是机器学习最重要的一环，但是因为没有明确的共识，所以缺少相应的技术技巧，只有仔细确认数据有无缺失、有没有差异过大的数据等。决定了要使用的数据，为了提高机器学习模型的精度，我们将对数据进行适当的格式转换。

在发现异常值和缺损值的过程中，实际上要进行一系列的统计工作。将数据进行可视化，找到数据的趋势，探讨使用怎样的数据特征可以提高模型精度。

要点 使用自动分析工具时的注意要点

有些软件可以自动选择机器学习的算法，在不敲代码的情况下就能使用机器学习模型。我们在第24节中介绍过类似的处理和软件。使用这些软件时，也需要人为先进行预处理。通过机器学习马上就能预测是不存在的，踏踏实实地进行数据检查和预处理是必要的。

数据的转换

数据的转换是指将数据转换为计算机可以理解的数值。比如预测性别时，将“男”“女”转换为0和1的操作。数据转换还有一些其他需要注意的，比如名称统一。名称统一就是同一个事物在数据上拥有不同的名称，将它们统一的过程。例如，图表50-2 的商品名，“可口可乐”和“可乐”都是指同一个商品，但是名称的标记不同，需要将它们统一为同一个数据标签。还有，“500 ml瓶装可乐”和“500 P可口可乐”也都是一个意思。像这样统一处理数据的操作是很繁杂的。

在实际情况中，很多过程是没有正确答案的，只有不断地摸索试错。因此，我们只能将工作交给那些有丰富经验的人。如果草率地进行预处理，使用了包含错误的数据，就会对机器学习模型的精度产生重大影响。因此，确认预处理是否正确进行，有助于控制模型和产品的品质。

▶ 名称统一示例 图表50-2

标记多样

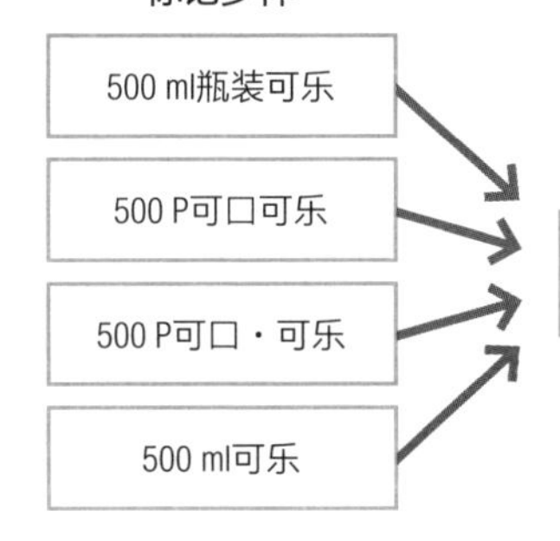

名称统一

商品	容器	容量 / ml
可口・可乐	瓶装	500

在使用外部分析服务公司时，如果向客户提供精通数据构造和内容的员工，数据的确认和处理就会顺利地进行。

拆分数据集

在机器学习系统中，根据数据的项目进行必要的预处理，可以分为“让算法学习的数据集”和“让模型进行预测的数据集”。正如第18节中所说，数据在PoC阶段构建机器学习模式的过程中分为“训练集”“验证集”“测试集”三种数据集。

训练集是用来训练模型用的数据，验证集是用来调整模型精度的数据，测试集就是用来确认构建好的模型精度的数据。在不同的情况下，测试数据也同时具备验证和测试两种功能。我们一般拆分数据的比例为“训练数据：验证数据：测试数据=8：1：1”，即要多给训练数据分配。

为什么要拆分数据集

机器学习应该用尽可能多的数据来训练模型，那为什么还要拆分数据集来减少训练数据呢？这是有原因的。因为如果使用所有的数据来学习，就无法评价模型的精度。

如果使用测试数据去训练模型，就不知道构建好的模型对未知数据有多少的预测和识别能力。所以要将数据拆分开，哪怕只用少量的数据用于验证，也能一定程度地评估模型的能力。由于我们在第18节中说过过拟合的问题，所以通常使用八成数据来训练，剩下的两成用于验证和测试。

在机器学习项目PoC的一开始，大家都想马上看到结果。但是预处理非常复杂，需要花费很多的时间和劳力。有数据科学家说，机器学习90%以上的时间都是在处理数据。

生成训练模型

在机器学习系统处理中，预处理的下一步就是生成训练模型的处理。在PoC阶段，我们验证使用什么算法来生成模型。算法根据使用机器学习的用途和数据的种类分为多种，可以参考一下scikit-learn和Microsoft Azure的分类图（图表50-3）。

▶ 算法的选择方法 图表50-3

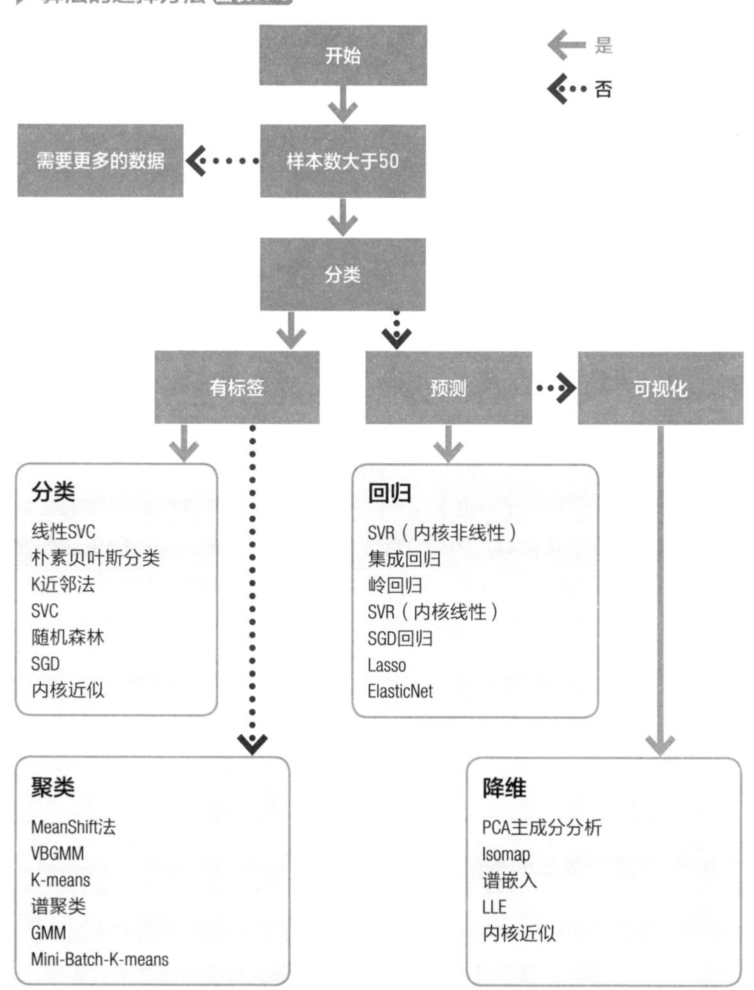

出自：根据scikit-learn algorithm cheat-sheet作成。
http://scikit-learn.org/stable/tutorial/machine_learning_map/index.html.

51 利用云服务训练好的模型

本节要点

利用云服务提供的训练完成的模型，来验证精度时有一些注意事项。虽然云服务有很多项目，但是是否符合课题的目的，事前一定要看清。

已训练完成的模型是什么

在第50节中，介绍了使用数据构建机器学习模型的方法。本节将介绍一个验证机器模型的王道：使用云服务。大型云服务公司通过大量的数据训练好多种模型，并提供这些“训练完成的模型”进行商业服务。

具体来说，Amazon、Microsoft、Google等云服务公司提供了多种API来调用机器学习模型（图表51-1）。API是Application Program Interface的简称，可以将它理解为第三者开发的程序。目前有各种API可以使用。例如，通过检测图像中的人脸，判断年龄和性别的API，从表情分析中得出人物的情感的API；从视频中解析何时发生了什么的API等。

API根据分析对象的数量和内容会有所不同，例如，Google提供的图像解析API，可以免费分析1000张图像。

要点 能够提供已训练模型的背景

大型云服务提供商能够提供已经训练完成的机器学习模型，原因是它们拥有庞大的数据。例如，Amazon拥有庞大的商品图像、说明文字和用户评价的文本。YouTube拥有大量的视频。这些提供商都是因为本公司有庞大的数据，才能训练优秀的模型进行提供。

使用和验证已训练模型的方法

从0开始构建机器学习模型非常耗时，所以如果满足使用外部服务的条件，可以一试。

验证这样的服务，需要搭建一定的云服务环境，使用手头的数据来分析结果。但是，根据条件的不同，结果也会不同。例如，从输出数据的格式和精度来说，在业务和服务中使用单一功能的情况并不多。

话虽如此，正是因为有了Microsoft Azure的Custom Vision Service这类服务，用户可以使用自己的数据对模型进行微调，以满足需求。今后使用这种服务的情况应该会越来越多。

常见的提供训练模型的服务 图表51-1

服务	服务名（提供商）	特征
图像识别	Amazon Rekognition（Amazon Web Services）	名人识别
	Computer Vision API（Microsoft Azure）	使用用户数据进行自定义
	Visual Recognition（IBM）	名人识别
	Vision API（Google Cloud Platform）	提取图像中的文字，增加识别
语音识别/生成	Bing Speech API（Microsoft Azure）	识别、生成服务
	Cloud Speech API（Google Cloud Platform）	
	Polly（Amazon Web Services）	生成服务
	Speech to Text（IBM）	识别服务
	Text to Speech（IBM）	生成服务
对话	Amazon Lex	对话服务
	Bot Framework（Microsoft Azure）	
	Conversation（IBM）	
	Dialogflow（Google）	
翻译	Cloud Translation API（Google Cloud Platform）	翻译服务
	Language Translator（IBM Watson）	
	Translator Speech API（Microsoft Azure）	语音翻译
	Translator Text API（Microsoft Azure）	翻译服务
视频处理	Cloud Video Intelligence（Google Cloud Platform）	视频识别服务
	Video Indexer（Microsoft Azure）	使用语音的高级服务

出自：中田秀基《人工智能·机器学习的应用·研究的混合云服务》[人工智能学会刊Vol.33 No.1 (2018/1)]。

52 评估PoC阶段的验证项目

本节要点

本课将对 PoC阶段的评价方法进行说明。预先设定验证项目，对机器学习模型进行试错尝试，然后进行项目的下一个阶段。

对PoC阶段的验证项目进行评价

如第48节中所说，PoC阶段从“数据/机器学习模型”“操作”“ROI/执行日程”三方面进行评价。

“操作”“ROI/执行日程”根据PoC阶段得到的机器学习模型品质进行评价。

关于“操作”，我们可以按照构思阶段设计的业务流程（第34节）进行检查。“ROI/执行日程”也一样，我们检查是否能够实现构思阶段企划的内容（第35节和第37节）。同时也要考虑实现不了预期结果时的应对方法。虽然没有明确的方法，但是依然有除去制约条件的一些方法。

例如，“投资回收从两年变为两年半”这样的制约条件。虽然有必要向管理层报告设想的错误，得到批准，但是不排除制约条件就无法解决，果断地下决定比较明智。

根据公司的预算和投资的方式不同，在构思阶段和PoC阶段即得到批准人的理解，会比较有保障。

首先设定验证项目

在PoC阶段要完成什么目标，应该事先明确相关人员之间的协议。比如目标精确度是90%还是85%，若目标偏离，PoC的评价结果会发生变化。虽然目标是85%，但如果实际需要是90%，就需要对必要的数据量和系统基础设施进行调整。也就是说，若PoC阶段的目标变得模糊，之后阶段的任务实施也会受到影响。因此，在阶段开始之初，必须明确要完成的任务和验证项目。

无法达成目标精度时的对应方法

假设需要90%的精度，但无论尝试什么方法，也只能达到85%。在这种情况下，我们会考虑有没有代替方案。例如，设定目标宽松的任务目标。根据需求预测在控制订单量的情况下，可以预想到机器学习模型的预测中最大会产生15%的误差。

验证项目的总结

对预先设置的验证项目，我们需要总结能得到什么样的结果。如果全部顺利，按照当初的计划进行就可以了，但是通常很难按照设想顺利进行。当存在一部分目标无法完成的情况下，我们需要综合考虑对策，判断是否有进行项目的必要，可以像图表52-1一样进行总结。

▶ PoC阶段验证的要点 图表52-1

- 实现明确验证项目
- 如果验证结果无法达成，就需要讨论代替方案
- 综合评价有意义的项目

[传感器的验证]

53 安装最新的传感器来获取数据

本节要点

如果想要重新获取机器学习所需的数据，建议活用传感器。本节将介绍验证数据精度的必要性，以及数据量庞大时系统化的注意要点。

验证传感器数据精度的必要性

传感器在社会中有着广泛的应用。大家所拥有的智能手机中也内置了GPS、陀螺仪、加速度传感器等，不知不觉中，我们也随身携带了各种传感器。

在机器学习项目中，根据商业目的和现在的数据状况，有可能需要重新使用传感器设备获取数据。我们在第30节中介绍了各种各样的传感器。另外，根据测量的对象和手法，以及制造商和产品的不同，有各种不同精度和价格的传感器。

由此，根据机器学习项目的必要性，我们需要考虑导入传感器获取新的数据，并同时在PoC阶段进行验证。

据电子信息技术产业协会称，世界上传感器设备的需求每年平均增长10%，2014年为532亿个，预计到2025年将达到1522亿个。今后，利用传感器数据进行机器学习的项目也会不断增加。

在PoC阶段验证传感器的精度

根据使用的传感器种类不同，取得数据的精度和验证方法也不同。

但是，与进行数据评估一样，需要验证数据有无错误、有无异常值、有无缺失，从结果来看需要怎样的预处理。例如，笔者支援的“利用电磁传感器掌握室内顾客的行动”项目，就发生过从传感器上看，用户突然移动到了另一个场所的错误，除去这种异常值的预处理是很有必要的。

将传感器实时应用在机器学习上的情况

使用传感器实时接收数据应用在机器学习处理上，需要特别慎重的验证。虽然现在是IoT时代，但是在一般企业的业务场合上，使用传感器实时进行机器学习还几乎没有先例。

传感器的数据量很大，考虑到数据通信的带宽和防止数据的遗漏，我们需要选择合适的传感器，谨慎地进行验证。

在第25节介绍的云服务中，也提供处理这些流数据的服务。即便如此，也需要验证数据的品质是否符合用户的要求。

要点 流数据是什么

流数据就像河流一样，是实时传输的数据。例如，实时变动的股票价格和交通状况，从智能手机上获得的位置信息，用户发布的活动数据，以及SNS上的投稿文本和图像等，都是流数据的一种。

专栏

黄瓜农户与深度学习

在静冈县经营黄瓜种植的小池先生，以从汽车零件商公司辞职为契机，回了老家。最开始在老家种植黄瓜，但是他发现，黄瓜本身的栽培就不必说了，光是要分类就很难。

小池在采访中说："黄瓜的分类不是谁都能做好的，不仅仅是黄瓜的长度、粗细，还有颜色、凹凸、形状等。光是学习这些就需要几个月的时间。"

在小池先生的田地里，分类工作是小池母亲在做，据说高峰的时候每天要进行8小时的分类工作。

小池先生在看到AlphaGo获胜之后，便开始学习深度学习开发，想要做一个能够分类黄瓜的机器。据说为了准备分类系统的制作，小池先生拍摄了超过7000张黄瓜图片，花了2到3个月时间。分类系统开发使用的是Google的机器学习库——TensorFlow。

我们在第23节中介绍了库的便利性，现在从小池先生制作的黄瓜分类器中就可以看出。相信在今后的生活中，很多地方都会发生这样的变化。

▶ 使用TensorFlow开发的黄瓜分类机

出自：Google Cloud Japan Blog"连接黄瓜农户和深度学习的TensorFlow"。

第7章

实装机器学习系统

在本章中，我们将从商业角度对实装阶段应该知道的要点进行说明，使大家理解机器学习系统的实装和普通系统实装的区别。

54 了解构成实装阶段的任务

本节要点

在结束了PoC阶段之后，终于进入了真正实现机器学习的阶段。首先，来看一下这个阶段的全貌，从商业角度看看有哪些需要注意的事项。

机器学习系统实装的特异性

实装阶段的目标是实现构思阶段的构思和PoC阶段的验证结果，将机器学习系统正式使用在业务和服务上。在这个过程中，必要的工作和一般的系统开发是一样的。但是，在机器学习系统的实装中，推进方法和注意事项有很大的差异。

实装阶段是构建机器学习系统最主要的阶段，在这个阶段就可以知道通过机器学习项目能否实现商业目标。

关于机器学习系统的实装，正在处于发展的阶段，现在的事例还不多。

要点 什么是机器学习工学

Preferred Networks公司的最高战略负责人丸山宏先生，提出了“机器学习工学”的概念，旨在完善20世纪60年代的“软件工学”概念［丸山宏《面向机器学习工学》日本软件科学会第34次大会（2017年度）演讲论文集］。

机器学习系统实装阶段的推进方法

机器学习系统说到底也是一种“系统”，虽然方法不同，但也要经过需求定义、设计、开发、测试的阶段。但是，机器学习系统的基础是机器学习，所以要根据机器学习设定必要的推进方法：“使用什么样的数据”“进行什么样的预处理”“使用什么样的算法”等，来确保在之后的进行过程中不会出现错误而发生返工的情况（图表54-1 的①～②）。

▶ 实装阶段的任务 图表54-1

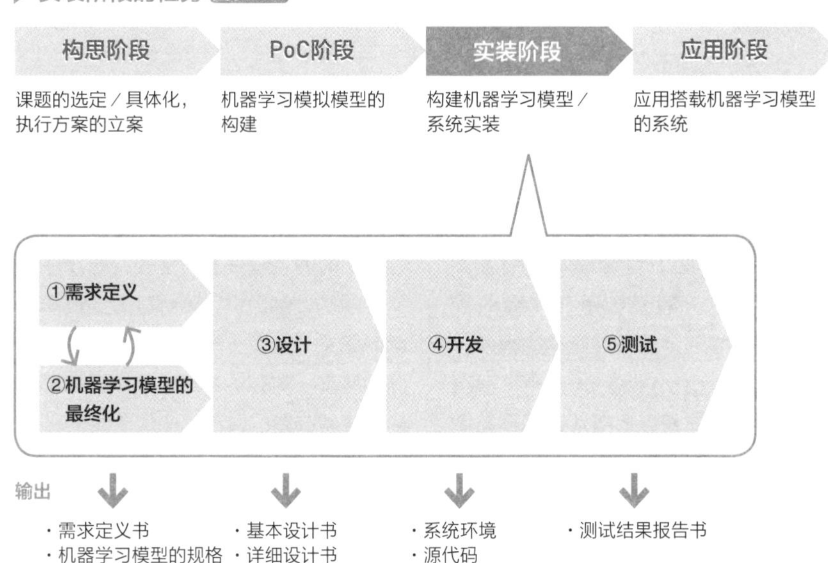

在之后的章节中，我们主要解说机器学习系统特有的必要任务。

55 机器学习系统与一般系统开发的区别

本节要点

本节将讲解机器学习系统开发和一般系统开发的区别，下面将从方法和进程的推进两方面来进行说明。

方法的差异

一般系统和机器学习系统，在基本的系统构建方法上有着根本性的差异（图表55-1）。一般系统重在演绎的程序，而机器学习系统重在归纳的程序。演绎的程序是指积累规则（逻辑）得出结论，而归纳的程序是指从数据推断得出结论。

一般的系统开发方法，都是事先定义好规则，然后进行演绎处理。而机器学习则是“从有正解的数据中，找出问题的答案”的归纳总结。这个差异影响后续系统开发的进行。

▶ 一般系统和机器学习系统的根本性差异 图表55-1

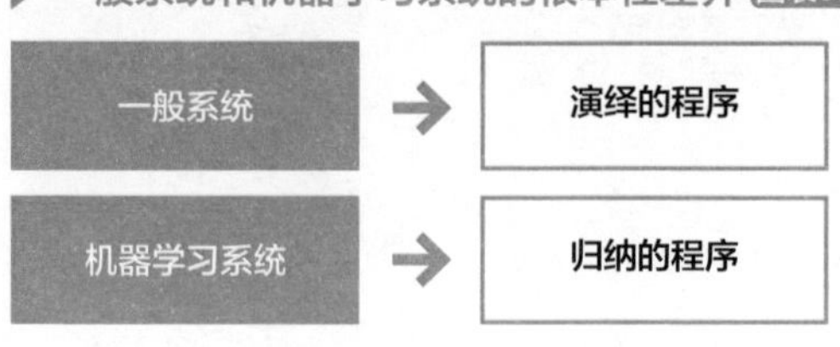

积累规则（伦理）得出结论是演绎的程序。与之相对的，从数据推导出结果是归纳的程序。

开发进程的差异

由于一般系统和机器学习系统根本性的差异，机器学习系统的开发进程也不同于一般的系统开发（图表55-2）。机器学习在开发进程中，若不实际使用数据尝试，是不知道能达到怎样的精度。因此，和一般的系统开发不同，机器学习需要PoC阶段。

另外，在第54节中说过，进入设计・开发作业之前，需要在虚拟环境中构建机器学习模型来测试精度。在进行了数据预处理、算法选择、确定了输出格式之后，还需要确定系统的基础设施和应用程序的开发。一般的系统开发往往直接从需求定义就进入了系统设计的阶段，没有那么多数据处理的作业。在完成机器学习模型的构建之后，很少有返工的情况，而一般的系统开发会存在返回之前的工序重新开发的情况。

机器学习系统的测试工序也不同。一般的系统只需要按照设计的程序一步步往下走，一步步测试即可。但在机器学习系统中，除了这个步骤之外，还需要对精度进行测试。需要注意的是，“按照设计进行了实装，但得不到想要的精度”的情况时有发生，需要注意。

▶ 机器学习系统开发进程的特征 图表55-2

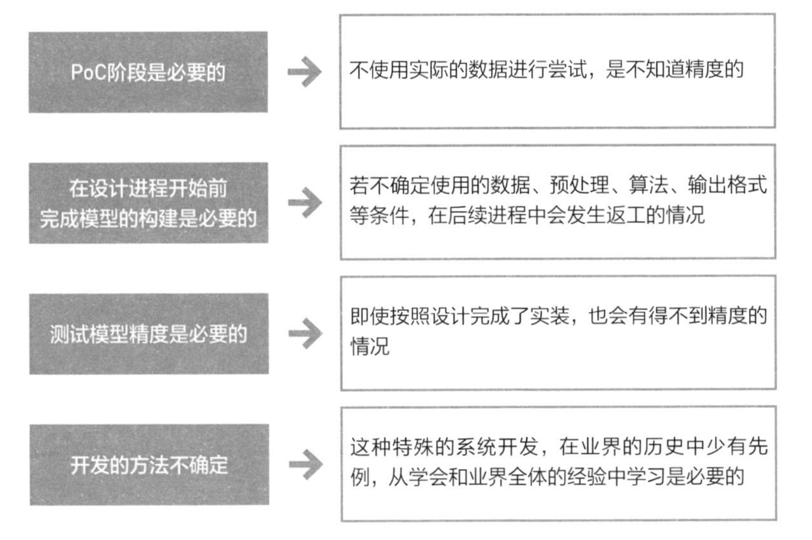

机器学习系统的开发进程，除了PoC阶段还有各种特征。

56 机器学习系统的需求定义

本节要点

机器学习项目和一般的系统开发一样，也需要需求定义。但是，实际的业务开发人员并不是定义需求的人，而是外部合作伙伴等管理项目的人来进行需求定义。我们从这个前提来理解一下大概的任务。

功能需求和非功能需求的定义

在系统开发中，我们需要定义从系统中获得的东西，也就是“完成什么是必要的”。机器学习系统也是同样。

需求分为“功能需求”和“非功能需求”。

功能需求就是系统应该具备的功能。例如，在构建不同区域的销售预测系统中，“从销售系统读取销售数据”“计算不同区域的总额”“预测第二天的销售额”“将预测的数据写进邮件中发送”等都是系统应该具备的功能，这些就是功能需求。

另一方面，非功能需求是指系统必须具备的非实际功能的需求。例如，“预测的计算处理要在一小时内完成”等与性能相关的需求，“系统的使用率在99%以上”这样的可用性需求，以及“为了防止不正当使用而进行密码认证”的安全需求等。下面来对功能需求和非功能需求进行详细地讨论。

项目失败的原因有一大半是因为需求定义得过于简单，而需求定义在系统开发中是非常重要的过程。机器学习系统并没有特殊的需求定义方法，阅读信息处理推进机构（IPA）提供的免费文件和书籍就可以补充相关的知识。

功能需求定义的总结方法

功能需求只需要按照第50节中图表50-1来进行定义就好。需要注意的是，通过试错构建了模型，得到足够的精度后，还需要对数据的来源、必要的预处理、适合的算法、输出数据的格式和用途等进行功能需求总结，以便今后的模型构建。

非功能需求定义的总结方法

非功能需求和一般的系统开发一样，我们通过六个方面来定义（图表56-1）。

▶ 非功能需求的种类 图表56-1

大项目	内容	例子
可用性	・使系统能够持续利用的需求 ・广义上的可靠性	・系统的应用日程（工作时间・停止等） ・故障、灾害时的工作预期
性能・扩张性	・系统的性能和将来扩张系统的需求	・今后业务量增加的可能 ・系统化对象业务的特性（峰值、一般、低谷等）
应用・维护性	・系统的应用和维护的需求	・运行时需要的系统工作水平 ・问题发生时的应对水平
移植性	・移植现有系统的需求	・移植到新系统的时间和方法 ・移植对象的种类和数据量
安全	・确保信息系统安全的需求	・使用限制 ・防止非法访问
系统环境・生态	・系统安装环境和生态的需求	・抗震、避震、重量、空间、温度、湿度、噪声 ・二氧化碳的排放量和能源消耗

出自：独立行政法人信息处理推进机构“非功能需求等级研修教材”。
https://www.ipa.go.jp/sec/softwareengineering/reports/20130311.html.

57 机器学习系统的设计与开发

本节要点

本节将讲解机器学习系统的设计开发要点。在处理大量数据的同时，也要满足处理速度的需求，这是机器学习系统开发的难点。

设计过程的推进方法

按照需求定义的内容，设计开发系统的工作称为“设计流程”。例如，针对“五口之家能够住得舒服”的需求，设计“三个寝室、寝室大小是……”这样具体的布局和构建。

委托外部合作伙伴构建机器学习系统的时候，和一般的系统开发一样，首先要考虑“基本设计”和“详细设计”。基本设计是设计非系统开发人员（例如用户）也能理解的功能。例如，怎样的数据传输、怎样的画面、最后生成怎样的报告等。详细设计是开发者通过程序详细设计程序实现的过程。为了不出现认识上的差异，这些设计需要通过设计书来进行事先讨论。

在机器学习系统中，数据的处理最为重要。正确设计算法读取的数据格式，并自动进行预处理，以及模型输出结果的数据格式等，都需要进行周密的设计。

要点 确认用语的定义

基本设计也称为“外部设计”，详细设计也称为“内部设计”。用语的使用根据不同公司而异，在开始项目前要确认使用哪种用语，以防后期出现的设计问题。

开发过程的难点是“处理速度”

在开发过程中，详细设计的同时需要整备系统环境以及代码编写。机器学习系统开发的一个难点就是，“在满足功能需求的基础上同时满足非功能需求”。具体地说，机器学习系统处理大量的数据，而数据越大，计算处理的时间就越长。对大量数据的读取、预处理、算法的测试等，要花费大量时间。非功能需求可能定义了在一小时内要完成，但是很可能需要花费6个小时。即便在设计阶段作出了一定程度的判断，实际上系统的开发需要花费30分钟、45分钟还是两个小时，不进行实际的开发和测试是无法知道的。

导入敏捷开发的必要性

在机器学习系统开发中，有大量的数据需要被处理，对开发速度也有一定的要求。因此，我们不能使用“瀑布型”开发流程，所谓瀑布型就是像水流一样自上向下地进行。而需要“实际操作一下，发现无法顺利进行的地方立刻进行修正”这样的“敏捷型开发”（第48节）。

到目前为止，基础业务系统等大规模企业系统主要是以瀑布型开发为主，如果能导入不同的开发流程，对机器学习系统进行混合开发，或许能成为成功的关键。

一般的系统开发方法和需求定义一样，市面上有很多书籍，想知道更多详情，可以参考那些书籍。

58 机器学习系统的测试

本节要点

实装阶段的最终过程——测试的种类和推进方法。测试是保证系统质量的重要过程。下面我们来大致理解一下测试的推进方法。

测试的种类和推进方法

开发程序的测试种类如 图表58-1 所示。测试是验证必要条件是否达成、验证是否有遗漏的重要过程。

测试有“单体测试”“结合测试”“系统测试”和“用户接受测试”四种。单体测试是按照需求定义的功能，对输入和输出逐一进行验证，确认每一个功能按照设计的要求顺利完成的测试步骤。结合测试是将单体测试的对象相互结合，测试作为统一整体的功能是否正确运作的测试步骤。

单体测试可以理解为对某个系统“接收数据”“检查收到的数据是否有错误”“存储数据库”等多种功能进行逐一验证。这些功能结合起来是否正确地运作，是通过结合测试进行验证。系统各部分的结合测试完成后，进行系统性的测试，这一步骤称作“系统测试”。该步骤确认整个系统是否能综合发挥符合要求的功能。

在委托外部合作伙伴开发的情况下，包含系统测试的前三个测试步骤由外部合作伙伴负责。而用户接受测试是由委托方测试的，适用于验证系统是否适用于业务和服务。同时，也可以利用用户的反馈训练新系统。

正如第55节中说过的那样，机器学习系统不仅仅是正确地编程，模型的精度和测试步骤也是相当关键的。

判断系统是否运作

系统测试要在用户接受测试之前运行，判断系统是否运作。

“有一部分出现了问题”“虽然按照要求完成了设计但是想要改变规格”等，通过测试期间找出各种课题和需求，我们要将它们解决之后才能开始系统的运作。对于不影响业务的低优先级课题，可以在系统运作之后再修改。

像这样，将系统的课题和风险进行全面整理，再考虑产生影响的大小，判断系统是否应该运作。

系统运作后的应用形态

系统运作之后的应用方法有几种选择。可以立刻将系统应用在实际业务中；也可以先行试验，得到反馈后一边改善功能一边应用；或者一边使用现有系统一边应用新系统。根据机器学习系统的应用业务和服务种类，我们可以选择适当的选项。

▶ 测试的种类 图表58-1

单体测试	按照定义的输入/输出规格，测试功能是否正常运作
结合测试	让单体测试互相协作，验证作为统一的功能是否正常运作
系统测试（综合测试）	验证整个系统是否正常运作
用户接受测试	作为委托人，确认系统是否满足用户需求

请理解机器学习系统开发的大致流程和一般系统开发流程的区别，同时至少要了解机器学习系统在商务方面的作用。

专栏

创造超人般的AI

因为工作原因，每周都有很多企业来询问我“怎么活用数据，怎么活用机器学习”。果然大家对AI的期待很高。很多询问都是关于“想做一个非常高级的东西”“我想知道做什么企划才能卖得好”“我想预测明年流行的商品”之类的。但是，正如之前说明的那样，人很难分析的东西，对计算机来说难度也很高。

实际上，使用AI代替人工作业需要相当多的重复工作。像丘比公司和分类黄瓜的事例那样，需要庞大的数据才能得到高精度的结果，但是，多数情况下获取正确的数据是AI中最麻烦的工作。

AlphaGo虽然胜过人类，但AI不是所有的任务都可以做到超人水平。

想要执行各种高级的任务，需要相应的数据。例如，雅虎公司通过将本公司拥有的超过100个服务产生的各种数据与公司外的数据进行组合，来解决日本国内各种各样的课题。

我们正在募集赞同“AI优先”的企业、自治体和研究机关。如果考虑通过和本公司组合数据扩大业务的范围，可以积极参与。

第8章

掌握机器学习系统的使用要点

本章我们一起来了解机器学习系统和一般系统应用的区别，并有效地进行应用。

59 机器学习项目特有的应用任务

本节要点

机器学习项目的应用阶段，也就是说从现在开始，是实现商业价值的重要阶段。本节我们一同来了解机器学习与一般系统应用的不同，以及特有的应用任务。

应用阶段的目标是"创造商业价值"

应用阶段是经过PoC和实装阶段之后，在日常业务和服务中一边利用搭载了机器学习模型的系统，一边正常应用，继续推进功能改善的阶段。

应用阶段的目标是实现构思阶段制定的商业价值，实现投资的收益。换言之，就是实现估算的ROI，削减成本，实现销量的增长（图表59-1）。

在推进项目的时候，到了应用阶段往往会有实现目标的轻松心情。但实际上，项目从这里才真正开始，目标就是在于实现持续性的价值。

▶ 应用阶段的定位与目标 图表59-1

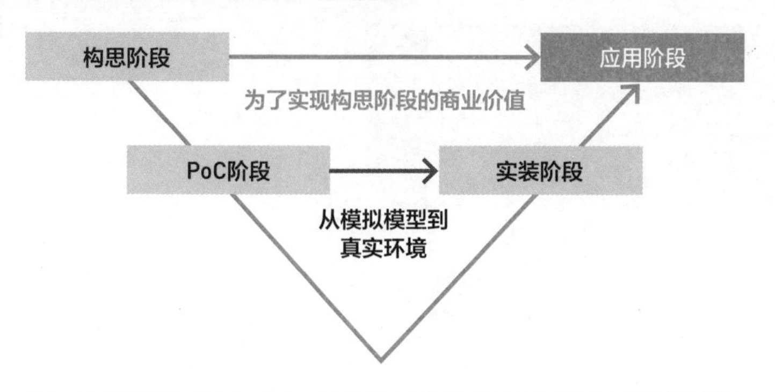

构思阶段制定的价值创造，和PoC阶段以及实装阶段的投资回报是应用阶段的目标。

应用阶段的任务

应用阶段的任务包括“KPI监测”“模型微调”和“系统应用”，如图表59-2所示。在没有机器学习模型的业务系统中，系统通常会发生程序处理错误或网络服务器等基础设施错误等问题。在机器学习系统的应用阶段，不仅需要应对这些系统共同的问题，还需要维护机器学习模型。

机器学习模型根据分类和回归，结果的输出也不同。但是，关于机器学习模型的输出结果是否正确、精度是否准确等，不与实际的正解数据进行对照，是无法知道的。因此，有必要制定KPI进行监测。另外，如果监测的结果精度不高，还需要对模型进行微调。

所以，机器学习系统应用阶段除了通常的系统应用以外，需要必要的KPI监测和模型的微调。

▶ 应用阶段的任务 图表59-2

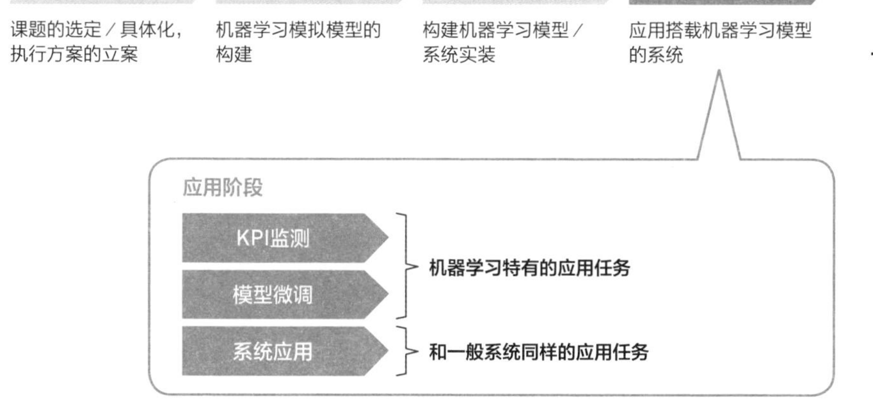

在之后的章节中，我们会介绍这些应用阶段的任务。

60 应该定义怎样的KPI

本节要点

定义KPI对管理项目的品质非常重要。**在机器学习项目中，需要定义的KPI有三种，我们需要对每一种进行定义，然后监测。**

KPI监测的必要性

KPI（Key Performance Indicator）是评价商业价值（应用阶段的目标）的数值指标，是为了使项目能够按照计划实现而定义的。若KPI与计划不同，可以找出原因并采取改善行动。事先定义了这样的指标，就可以看到带来的商业价值的因果关系，因此可以顺利地掌握问题发生的原因，更容易保证商业价值的实现。

机器学习项目中的KPI种类

机器学习项目中的KPI大致分为图表60-1所示的三种：①商业成果的KPI，②机器学习模型精度的KPI，③系统应用的KPI。

▶ KPI的种类 图表60-1

①商业成果的KPI	②机器学习模型精度的KPI	③系统应用的KPI
表示销售额增加、成本削减等最终商业成果的标准	表示对商业成果作出贡献的机器学习模型精度的指标	为了测量系统应用品质的安定性指标

KPI定义示例

例如，根据便利店不同店铺和时间段的销售额，预测机器学习系统的KPI（图表60-2）。在这个例子中，商业上机器学习系统的目的就是预测“发货量的控制”。

这样一来，①商业成果的KPI指标就是“商品库存周转率和库存周转时间”。改善了这个指标，就可以提供顾客所追求的商品，让顾客迅速购买。

②机器学习模型精度的KPI是实际销售额和预测模型推算的金额差值。通过比较机器学习模型预测的数据和实际数据，就能知道预测结果的可靠性。

③系统应用的KPI是将系统的“故障发生次数和应对故障的时间”设定为KPI。另外，随着数据量的增加，处理机器学习模型所花的时间也会变长，所以要考虑系统处理中的风险因素，对批量处理等指标进行监测。

▶ KPI定义示例 图表60-2

根据便利店不同店铺和时间段来预测销售额情况的KPI

①商业成果的KPI	②机器学习模型精度的KPI	③系统应用的KPI
例如：商品库存的周转率和周转时间	例如：实际的不同店铺不同时间段的销售额和预测模型结果的差额	例如：系统的故障发生次数和应对的时间

至少要按月来监测KPI，并制定改善计划。通过监测每次确定的指标，再配合时间的变化进行KPI追踪是KPI监测的关键。

[模型的微调]

61 修正机器学习模型

本节要点

好不容易构建的机器学习模型也有可能出现劣化。在出现劣化的情况下，为了再次发挥模型的精度，我们需要调整模型的设置。

微调机器学习模型的必要性

在监测KPI过程中，有时需要调整机器学习模型。具体来说，如果机器学习模型的精度变差导致商业应用产生障碍，或者通过提高模型的精度可以取得更大的商业成果，我们就有必要调整机器学习模型。随着数据的增加和模型的使用，机器学习模型是会劣化的，另外，添加了训练数据，会像图表61-1一样更新训练模型，这时的模型可能会变得完全不同。

▶ 机器学习模型的更新 图表61-1

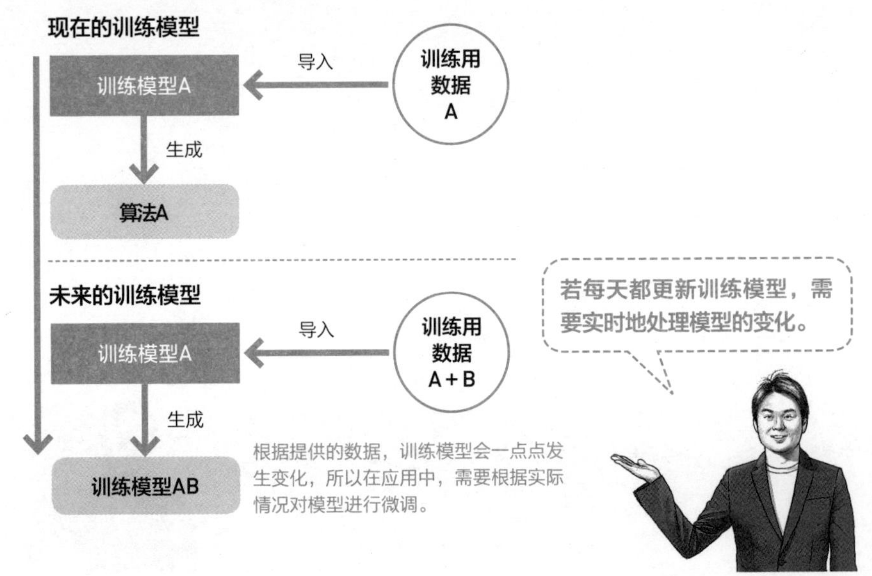

根据提供的数据，训练模型会一点点发生变化，所以在应用中，需要根据实际情况对模型进行微调。

数据越多机器学习越聪明吗

应该有读者从媒体报道中听说过"给机器学习越多的数据，精度就会越高"，或者"数据越多AI越聪明"这样的说法。

传达的是机器学习系统应用时间越长，随着时间的推移数据越来越多，模型精度应该会越来越高。但是事实并不是这样，模型精度并不会随着数据量的增加而无止境地提高。

例如，在笔者所进行的预测商品需求的项目中，我们使用了过去三年的数据构建了模型，并且每晚都会增加当天的新数据来构建一个新的模型。但是不管是使用三年的数据、一天的数据，还是三年三个月的数据来训练模型，精度都没有特别大的变化（图表61-2）。当达到了一定的精度之后，再增加数据也不会让模型和精度有所改变，因此我们需要控制数据量和训练的平衡，仅使用过去三年的数据构建模型就足够了。

▶ 有一定量的数据就足够了 图表61-2

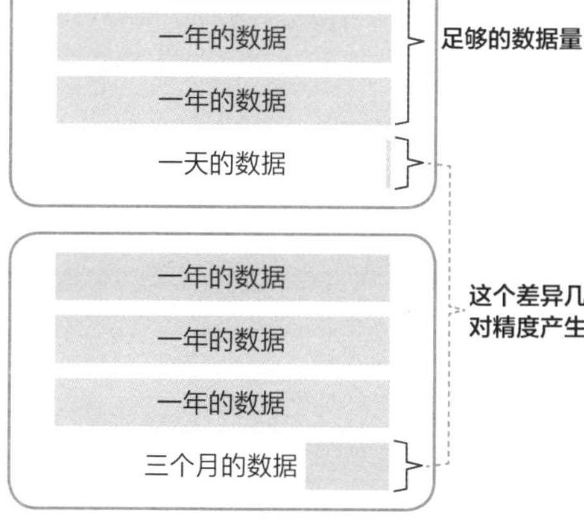

数据量和精度的关系

机器学习模型的精度会随着数据量的增加，精度会提高，但是当数据量增加到一定程度，精度的改善会越来越不明显，如图表61-3所示。虽然这一变化根据算法的不同会有所差异。1000万个训练数据可以得到87.5%的精度，10亿个数据可以得到92.5%的精度，但是大量的数据需要大量的计算资源，成本变得非常高，训练时间也变得相当长。像这种增加了1000倍的数据才得到5个百分点的改善，在商业应用上是非常不划算的。

训练数据量和精度的关系 图表61-3

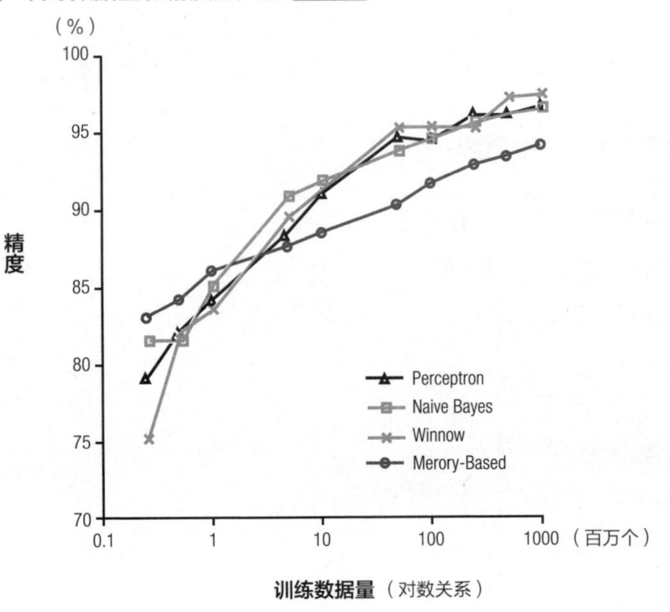

出自：Alibaba Cloud
https://www.codeproject.com/Articles/1170474/Learning-Machine-Learning-Part-Application.
当数据量超过一定程度后，精度的增加相比数据量的增加就不那么明显了。

什么情况下需要调整模型

即使一边训练数据量一边构建机器学习模型，模型也会发生劣化。这主要是因为反映现实世界实际现象的数据发生了变化。例如，本节中举例说明的需求预测模型中来客数、日期、过去几天的商品销售额等都会发生变化。模型劣化的一种情况是：来客购买商品的概率在周末更强烈，或者由于某种原因，购买倾向更强。

其他的例子，比如通过脸部照片构建了预测国籍的机器学习模型，把脸的轮廓、眼睛、鼻子、嘴巴的形状，以及女性的口红颜色等作为变量，但是随着时间的变化，眼睛鼻子的形状会慢慢变化，化妆的流行趋势导致口红颜色也会发生变化，这样模型就会劣化。

像这种现实世界的流行趋势本身发生了变化，机器学习模型的精度就会发生变化（图表61-4）。

模型的劣化，和第18节中说的过拟合导致的精度不高是不一样的。过拟合是模型生成过程中的缺陷，而模型的劣化是由于现实世界的变化导致的精度变差。

▶ 模型的劣化 图表61-4

现实的情况本身发生了变化 → 模型的精度降低了

若现实世界的趋势发生了变化，模型就需要调整。

该进行怎样的微调呢

承认机器学习模型发生了劣化，我们就需要对模型进行调整。到目前为止我们说明过改变变量的权重、去除解释性差的变量、增加解释性强的变量、改变训练数据的数量等方法，可以修改机器学习模型。比起从头构建机器学习模型，调整只是对已经存在的东西进行修改，是比较容易进行的。模型的调整可以尝试第19节中介绍的方法。

62 应用机器学习系统的课题

本节要点

机器学习系统的应用任务大多与一般的系统应用相同。在本节中我们好好理解机器学习系统特有的任务和其他的任务，并理解如何有效地应用。

与一般系统应用的相同和不同之处

机器学习系统的应用任务如图表62-1所示。机器学习系统也是在业务和服务中应用的系统的一种，所以和一般系统应用一样，应用作业很必要。例如，在线批处理的程序监控、基础设施的监控、错误原因的调查与修改对应、用户询问等。机器学习系统与一般系统不同之处在于机器学习系统本身的维护作业。如之前的课程所说，对于已经设定的KPI，根据需要对模型进行调整工作。

当然，为了将修正后的机器学习模型反映到系统中，系统的修改工作也是必要的。

▶ 机器学习系统的应用任务 图表62-1

机器学习系统特有的任务

- 在线批处理的监控日志
- 错误原因的调查与修改对应
- 基础设施的监控
- 用户的询问对应等

＋

一般系统应用任务

- 显示模型精度的KPI监控
- 机器学习模型的调整

在机器学习系统的应用中，模型精度的监控和模型的调整是必要的。

系统应用的负责人

机器学习系统一般由构建了系统的公司内部组织或者外部的开发合作伙伴公司来负责。但是，夜间的批处理理等系统的监视和错误发生时的应对等，是某种程度上定型的作业。因此，这些作业需要委托给专业的系统运用服务公司，来提高效率。图表62-2 的高单价人才从事这些定型工作的性价比很低，所以可以活用专业的服务企业来抑制人工费用。这些专业的企业称为MSP（管理服务提供商）。系统的维护应用公司也会有提供MSP的情况，所以根据案件的情况来讨论一下委托的公司比较合适。

▶ 平均的人工费 图表62-2

SE／程序员	数据科学家／机器学习工程师
60万到160万日元	150万到600万日元
出自：总务部行政管理局“关于提高调度的IT订购能力”。	出自：笔者根据第47节中的方法估算。

从一开始就着眼于应用的团队体制

不管机器学习项目的团队成员是以本公司为主还是以外部合作伙伴为主，都必须保证从构思阶段到应用阶段的体制构建不动摇。

即便在机器学习模型的构建上有强力的成员，但是要让成员在系统运转后还需要365天每天24小时的监视，从工作形态上来看是很难的。因此，制定怎样的应用体制是需要事先计划好的。即便在机器学习模型的构建上有优秀的分析服务公司的帮助，但是若分析服务公司的规模过小，也无法保证能够完善系统应用的体制。如果是大型的系统开发公司，虽然有足够的实际成果和体制，但是不能保证机器学习模型的开发能力比专业的分析服务公司好，也不能保证在模型的维护方面做得更好。所以，团队体制的制定非常重要。

专栏

想制作一个打扫整理机器人

《强AI・弱AI》这本书总结了东京大学的鸟海不二夫教授和棋手羽生善治的对话。这本书对于想要正确理解人工智能的读者来说是非常适合的。

在书中，东京大学的松尾丰教授"想制作一个使用深度学习来打扫卫生的整理机器人"。

松尾教授希望，整理机器人不仅能除灰尘，还包括整理收拾功能，这种机器人的潜在市场规模可能能达到数十兆日元。因为无论收入多少、是否忙碌，家务事都是必须要做的，所以即使付费也想让人来帮忙做。家务的代理服务在日本大概十年前开始出现，如果被机器人取代，将会形成一个新的市场。

现在已经有了智能音响等设备，如果将机器人和这些设备联合起来，用语音命令控制它们进行清洁打扫，将会非常方便。但是，松尾教授希望这种机器人不要像智能音响一样只做机械式的回答，而是能像人一样应对各种需求。虽然各种各样的制造商都在竞争智能音响市场，但是松尾教授认为正确回答用户的问题并不是决胜点，而是在于设定能够让用户爱不释手的角色。如果用喜欢的艺人的声音来制作打扫整理机器人，那么很多人都会想要拥有一台。如果能让日本的漫画、动画的偶像歌手等艺人的角色也出现，那么市场一定会非常火爆，日本的机器人也能在全球卷土重来。

因为各种各样的地方都有着对人类来说的不便，所以需要好好思考真正需要解决的问题。大家试着从生活中身边的课题开始思考吧。

第9章

从成功事例中学习机器学习项目

本章我们将通过实际的应用事例，说明机器学习项目是如何推进的。

[案例学习①]

63 根据顾客的行为作出反馈的推荐系统

本节将介绍笔者支援的复合商业设施运营企业的机器学习推荐系统的构建案例。通过具体的事例，学习从构思阶段到运用阶段的各个要点。

项目背景和启动

本节我们介绍的是运营复合商业设施的A公司的事例。A公司计划充分利用与事业经营相关的所有信息，转换成数据驱动型的经营模式作为其第一步，寻找有收益机会的课题。

其中，我们假设了A公司可以把握和预测商业设施内的顾客行动，来改善市场营销和店铺的运营效率。

在A公司内部，制定了以营销部门项目经理为核心的组织，由相关部门的成员参与策划，由笔者所在的企业作为外部合作伙伴，参与A公司的对策构思、技术处理、课题验证和成员选定。我们花了3个月的时间来构思策划这一项目（图表63-1）。

A公司由于无法从顾客行动的数据中找到合适的模式，不知道如何积累数据并找到收益化的解决方案，所以委托笔者所在的公司对数据的活用和机器学习系统的开发进行构思制定的咨询支援。

项目体制图 图表63-1

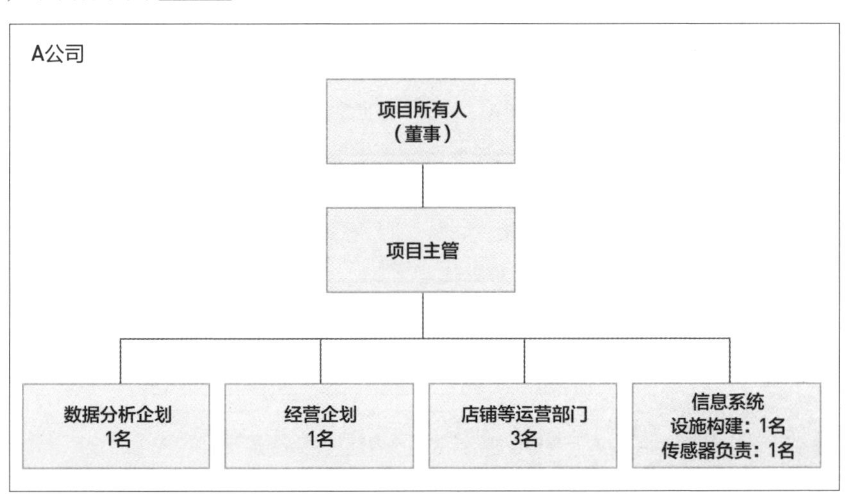

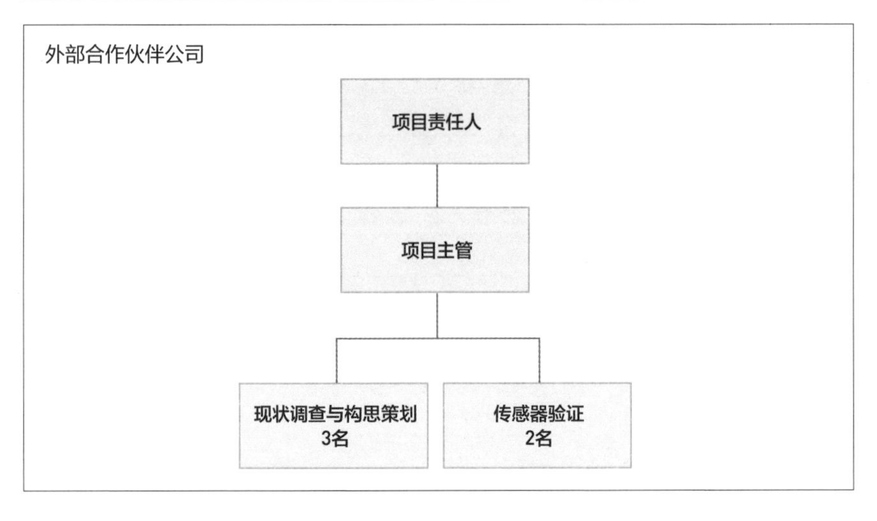

本例中的项目责任人就是笔者。接下来，我们看看如何进行构思策划吧。

构思阶段的讨论工作

构思阶段的目标我们在第4章中说过，是课题的选定和获得投资的承认。在这个项目中，我们讨论了图表63-2中的四项内容。

具体来说，首先是①“活用数据发现收益机会”，之后进行②“针对店铺等设施内的顾客行动选择传感器技术”。在此之后，我们进行③“调查已有的系统组成和数据”，最后是把构思阶段的成果进行总结的④“企划书的总结”（图表63-3）。

▶ 构思阶段主要讨论的内容 图表63-2

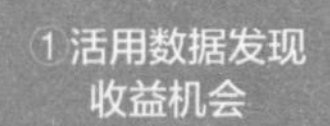

①活用数据发现收益机会	活用“在店铺等设施内的顾客行动数据”这样的新获取的数据和已有的系统数据，找到合适的销售机会和效率改善机会
②针对店铺等设施内的顾客行动选择传感器技术	基于各种传感器的精度和成本选择要采用的技术
③调查已有的系统组成和数据	店铺和网上的销售系统、店铺等操作系统、现有的数据分析基础、后勤系统的调查
④企划书的总结	主题的详细内容、系统构成、项目体制、日程、ROI等执行计划

图表63-2 讨论的内容，首先是如何赚钱，这个问题在①中讨论，在②和③中讨论具体的实现，在④中按照第4章后半部分的步骤进行总结。

构思阶段的成果讨论

收益机会是通过将设施内的行动数据和在网络上的行动数据联系起来积累数据，从数据中识别顾客的兴趣，通过手机应用传递个性化的信息来增加客人。通过机器学习自动选定反应率最高的内容，以强化营销措施为主题。

为了实现这个目标，我们将设施内的顾客行动进行动态数据化，从成本和精度的角度选择电磁感应数据和数据采集设备。另外，为了确定顾客的兴趣，我们需要将这些数据整合。

根据这些内容估算需要的日期和投资金额，并将它们总结成企划书。

构思阶段的结果讨论 图表63-3

①活用数据发现收益机会

顾客信息的积累
- 将顾客在设施内的行动，以及网络上的行动联系起来，积累数据，加深对顾客的理解

从数据中识别顾客的兴趣
- 将顾客感兴趣的商品类别和在商业设施中度过的方法作为顾客的特性进行识别

通过个性化信息强化数字营销
- 根据识别出的客户特性，通过手机应用、邮件和网站，发送个性化消息
- 通过机器学习自动选定反应率最高的内容

②针对店铺等设施内的顾客行动选择传感器技术

电磁传感技术的选择
- 通过Wi-Fi、GPS、电磁、照相机等传感器技术的验证结果，决定初期投资和最低成本

※电磁传感器是使用手机的传感器测定地球产生的电磁扭曲技术

③调查已有的系统组成和数据

研究结果表明，为了确定电磁感测数据和顾客的兴趣，信息积累需要整合新的数据

④企划书的总结

需求定义到实装大概需要十个月，即便提供初期的投资和运营费用，也要考虑在系统运作后每年的投资回报

项目的特征①——构思与PoC阶段

在这个项目中，PoC阶段在构思阶段中实施是一大特征。

我们的技术使用了机器学习的推荐系统这项已经存在的工具，所以省略了验证推荐系统的步骤。但是，由于电磁技术的使用具有局限性，需要对其进行验证。由于精度直接影响到项目的成败，所以原本在PoC阶段中验证的项目被涵盖在构思阶段。

项目的特征②——实装阶段概要

实装阶段分为两个工序进行，需求定义和基本设计需要三个月，详细设计和开发需要七个月。我们按照图表63-4来实际安装系统构成。

▶ 顾客信息统合·机器学习系统的全貌 图表63-4

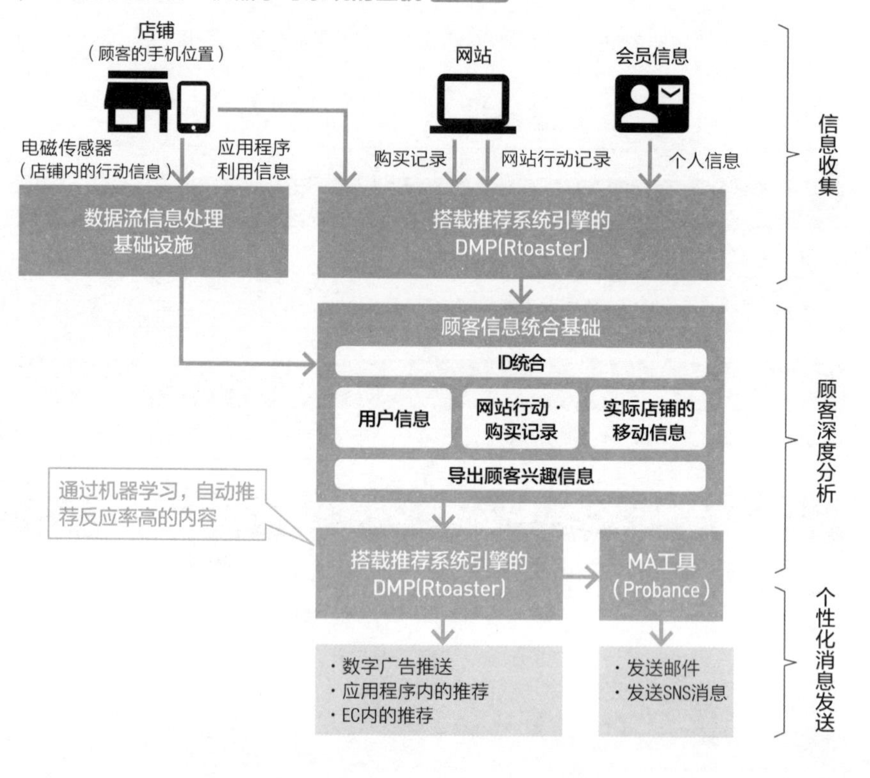

项目的特征③——实装阶段的难点

在实装阶段，要实施追踪顾客的行动，需要同时处理电磁传感器数据。同时，我们需要将处理后的数据与顾客在网站上的行动、会员信息，以及唯一的识别ID进行整合。整合这些数据的功能开发是一个难点。为了抑制开发的成本和风险，我们要尽可能多地使用已经安装了相应功能的机器学习模型和工具。例如图表63-4中的Rtoaster和Probance等工具。

机器学习系统的实装规则，就是使用现有的产品和工具。

项目的特征④——应用阶段

让我们来看看应用阶段的KPI吧。在这次的项目中，通过AB测试验证了机器学习模型的推荐系统成果，将KPI分成了商业成果和机器学习模型精度两部分。系统应用的KPI是监视错误和故障发生的次数。根据这些KPI，我们来改善系统。

项目总结

这里介绍的项目是利用电磁感测来捕捉店铺内顾客的实际行动，包括网站上的数字信息，整合顾客的信息，然后利用机器学习来进行先进的推荐系统功能。

虽然技术很新颖，但是客户所关注的不是对新技术的挑战，而是ROI会变成什么样，简而言之就是能否取得商业上的成功，该课题是否有从事的价值。

从这个意义上说，我们在第28节中介绍过的三个条件就是课题成功的秘诀（图表28-1）。另外，在实装阶段，商业人员与数据科学家和工程师的合作交流，也是持续取得商业成功的关键。

[案例学习②]

64 从SNS的投稿图像中分析商品的使用场景

本节要点

在本节中，我们列举了消费品制造商进行SNS投稿图像解析的事例。下面来解说分析SNS上庞大的图像信息，把握公司商品使用场景的项目在PoC阶段中的要点。

项目背景和启动

消费品制造商B公司，举行了座谈会，对大量的顾客进行了访谈，调查了本公司商品的使用情况，想要以深度学习的图像解析技术对SNS投稿图像进行分析，验证本公司商品的使用状态，希望加深对消费者的理解。

在这个项目中，明确的课题目标已经存在，所以我们跳过构思阶段，从PoC阶段直接开始项目。

在PoC阶段我们对机器学习技术进行了验证。在技术上，验证了图像解析的精度。另一方面，从商业的观点上，验证从SNS的投稿图像中能否找出新的用户痛点并对其进行验证（图表64-1）。

▶ PoC阶段的验证事项 图表64-1

PoC阶段的验证事项

技术目标	商业目标
能用多高的精度进行图像解析	能否找到新的用户痛点

PoC的方法①——图像解析的流程

在本次的项目中，我们首先需要从多个SNS投稿图像中识别B公司的商品，所以我们从探讨使用什么方法开始。

首先要监测B公司的商品标志，B公司每种商品的标志都不同，但是我们把主要的商品标志图像，包括在广告中使用的，以及广告牌上使用的都收集起来。然后对含有标志的全部图像进行解析，只使用商品在消费和利用时的图像，来理解商品使用的场景。

PoC的方法②——活用标志搜索功能

从所有的SNS投稿图像中仅识别B公司的商品标志是一个庞大的任务。为了有效地进行这项任务，我们决定活用现有的工具。Crimson Hexagon for Sight是美国推特公司也在使用的SNS解析工具。该工具使用标志搜索功能，简化了搜索任务，具备从图像中检测数百个公司标志的机器学习模型。所以我们对B公司的商品标志图像也使用了这个工具。

在之前的第63节中我们说过，为了避免烦琐的工作，活用现有的工具很重要。即便是大型企业，也需要规避风险，不在工具上浪费精力和成本，所以调查好需要使用的工具很重要。

PoC的方法③——识别拍摄的内容

属于在检测标志之前就已经决定了使用的方法，但是有必要从数万张图像中检测出消费商品和应用商品的瞬间。开发这类检测的机器学习模型需要大量的时间。

因此，我们使用了Google Cloud Platform的Vision API来解析图像。用Vision API分析图像时，图像中的内容会以概率的形式输出（图表64-2）。虽然不能100%排除非广告商品，但是留下的图像几乎都是能够利用的。

此外，对于这些图像，Vision API能够使用输出的文本来对图像进行聚类，来找出尚未发现的用户痛点，得到新的商业机会。

▶ Google Cloud Vision API的使用示例 图表64-2

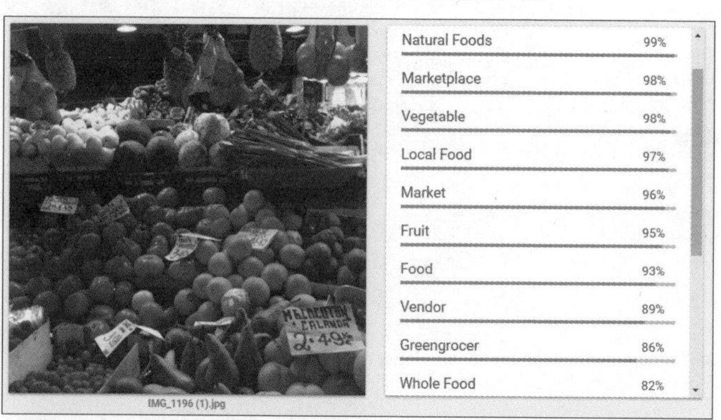

左侧的图像是拍摄到的内容，右侧输出的概率表示该图像属于哪种场景，我们可以看出API准确识别出了自然食品、集市、蔬菜、本地食品等信息。该图像是一张巴塞罗那集市的货物棚。

PoC阶段的结果

通过分析图像，我们得到了B公司进行消费者调查所需要的消费和应用情况，也了解到了未知的消费应用场景。虽然在这里我不能告知读者详细的结果，但是通过PoC验证了SNS图像分析技术的可行性，也得到了商业上的消费痛点。

另外，由于SNS图像是公开的，我们也可以通过分析竞争对手的商品图像，推测他们的商业行为。

PoC的过程 图表64-3

	①提取含有商家标志的SNS投稿图像	②识别消费和使用商品的图像	③识别图像中的背景、人物、物体	④总结结果，生成报告
工作内容	提取过去在SNS上投稿的包含B公司标志的商品图像	在含有标志的图像中，识别消费和使用商品的图像（排除广告和物体图像）	识别被一起拍进图像中的背景、人物、物体	发现图像的使用场景，总结结果，生成报告
使用工具	Crimson Hexagon For Sight的标志搜索功能	Google Cloud Platform Vision API	Google Cloud Platform Vision API	Python、Excel、Gephi等分析可视化工具

输出	带有B公司商品标志的SNS投稿图像	被识别为消费和使用时的商品图像	Vision API对消费和使用时的商品图像的分析结果	分析结果报告书

要点　图像之间关系的可视化

Vision API输出的是图像标签（文本）。对于一幅图像，常常有多个输出标签。如果不同的图像拥有相同的标签，我们可以认为这些图像是相似的，并且可以通过网络分析将它们可视化。

[案例学习③]

65 机器人根据语音请求作出行动

本节要点

最后，介绍一下机器学习和机器人组合的演示系统。虽然用到了语音识别、自然语言处理和图像识别，但是我们可以用已有的机器学习库来实现这些功能。

机器学习系统的全貌

我们首先看看演示系统的全貌。该系统叫作Find Your Candy。用户说出自己喜爱的点心的名字，机器学习系统能够识别这个点心，并用机器人手臂抓取点心给用户。YouTube上有公开的动画，读者可以自行了解一下（图表65-1）。

▶ Find Your Candy的演示动画 图表65-1

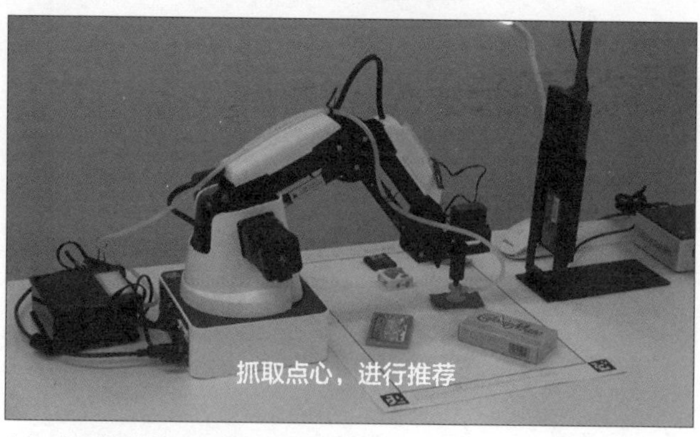

出自：机器学习与机器人手臂 Find Your Candy。
https://www.youtube.com/watch?v=-oaleXJxn7Q.

Find Your Candy技术

Find Your Candy组合了“语音识别”“自然语言处理”和“图像识别”三种技术（图表65-2）。

首先，演示系统的使用者对着系统随意地说“我想吃甜食”或者“我喜欢牛奶味”之类的话，随后语音识别系统会识别出这些话语的内容并进行形态分析（第15节）。之后，通过Word2vec的自然语言处理技术，将文本向量化。

另一方面，图像识别通过事先训练好的机器学习模型，对放在桌上的点心进行识别，将每一幅图像数据向量化，然后找出推荐的点心。最后，机器人手臂抓取点心送给用户。

▶ Find Your Candy的流程 图表65-2

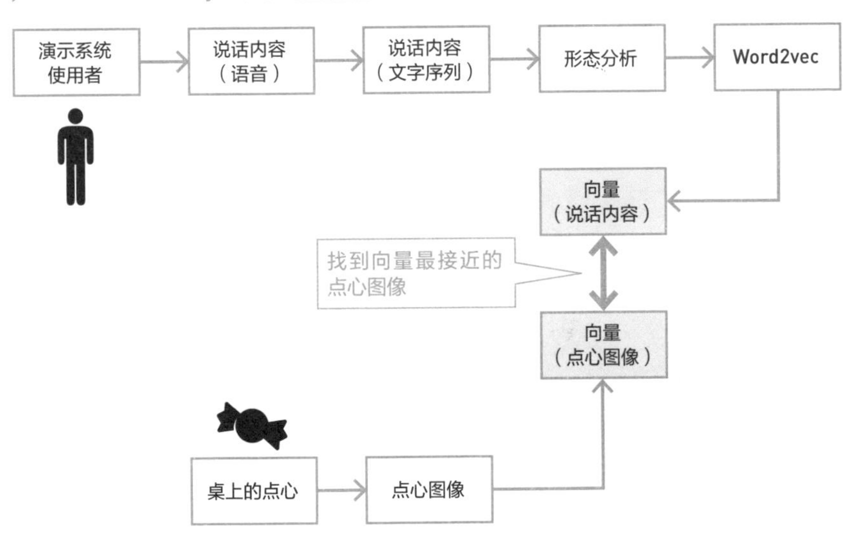

项目概要

Find Your Candy项目整体需要花费一个月的时间，还包括机器人手臂的选择、系统的规格策划以及机器学习系统的开发。项目成员包括笔者公司的五名成员以及外部合作企业负责画面设计的设计师。

该项目的日程非常紧张，项目经理承担了很重要的责任，项目如 图表65-3 所示。

▶ 项目日程 图表65-3

第一周	第二周	第三周	第四周	第五周
系统全体的规格策划、机器人的选择、机器学习部分的讨论和验证	机器人部分的开发、机器学习部分的讨论和验证、系统的设计和实装	系统的实装和测试	结合测试、顾客确认和内容反馈	最终调整和演示

项目的要点

这个项目的要点是把第51节中介绍的机器学习服务和库整合在一起进行开发。若从头开始开发机器学习系统，在短短的一个月内是无法完成的。实际上，该项目没有从头开发机器学习系统，而是如 图表65-4 那样，使用了一些机器学习服务和机器学习库，进行组合利用和开发。

▶ Find Your Candy使用的机器学习服务和库 图表65-4

功能	使用的机器学习服务 / 库
语音识别	Cloud Speech API、 Web Speech API（都是Google Cloud Platform）
形态分析	Cloud Natural Language API（Google Cloud Platform）、Word2vec.Gensim（Python的机器学习库）
图像识别	Cloud Vision API（Google Cloud Platform）、Inception V3（已训练的开源高性能模型）

从Find Your Candy项目中学到的

Find Your Candy项目的最大特点是没有从头建立模型和系统，而是组合了可利用的服务和库，构建了非常有趣的系统。虽然拥有一定程度的编程水平就可以组合这样的服务，但是反过来说，这对开发者是非常方便的。

虽然Find Your Candy还只是一个演示模型，无法投入到实际的商业应用中。但是，通过组合可利用的技术，我们节省了时间和预算，提高了项目的效率，这对以后的实际应用开发是有帮助的。

今后，机器学习技术还会继续普及下去。在讨论如何在商业中活用机器学习的时候，我们需要确定云服务是否可用，以及需要进行课题的讨论，并验证PoC阶段的各种目标。

另外，从这个演示项目中，我们可以看到各种可能的应用组合（图表65-4）。语音识别和自然语言处理的组合，可以提供呼叫中心的业务；图像识别和机器人的组合，可以在工厂中进行识别和分拣作业的自动化。

▶ Find Your Candy项目的应用实例 图表65-4

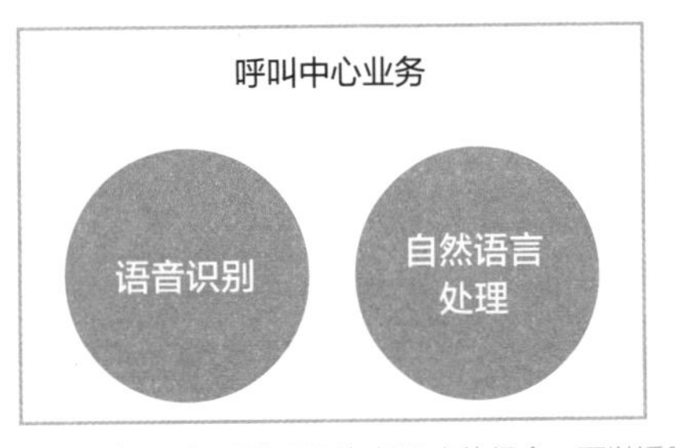

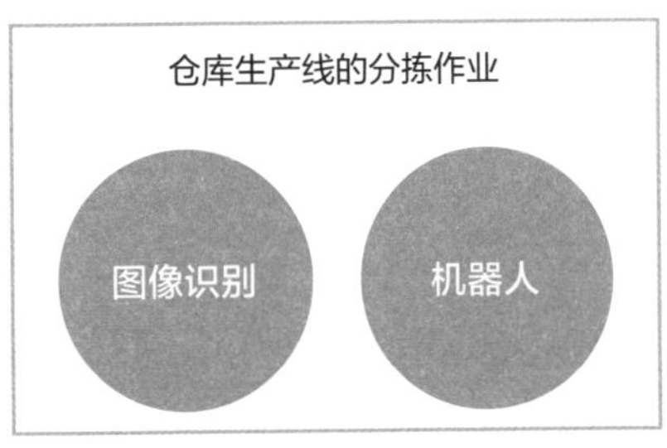

通过语音识别、图像识别与机器人的组合，可以适用于各种业务。

各位读者辛苦了！到这里我们的课程就结束了。请大家务必将学习到的机器学习项目知识实践在自己的工作中！

专栏

AI创造的新工作

在第5章的专栏中，我们介绍过牛津大学发布的AI夺走现有工作的情况。但是另一方面，AI也会创造出新的工作。在奥巴马总统任期结束的前一个月，美国总统办公室发布了题为“人工智能、自动化和经济”（Artificial Intelligence, Automation and the Economy）的报告。报告指出，在AI自动化不断推进的过程中，生产力、雇佣关系、工资等都会发生变化，关于经济的深入考察仍在继续进行中。下面我们介绍一下AI会创造出什么样的新工作。

报告将AI创造的新工作分为了四种类型。第一种是Engagement（导入AI提高生产率的工作）。例如，通过AI发现早期的癌症，找到治疗方案。第二种是Development（开发AI的工作）。例如，开发系统、收集数据的工程师。第三种是Supervision（管理AI的工作）。例如，正确并安全地使用AI系统，进行控制管理。最后一种是Response to Paradigm Shifts（应对工作）。例如，在实现自动驾驶时，从事城市基础设施和法律整备的应对工作。

在笔者看来，大多数人今后都会从事Engagement的工作，但是参与AI的制作和维护工作的人员也会不少。

笔者自身就在从事向企业提供AI（机器学习技术）咨询的工作，这项工作在五年前并不存在，所以笔者相信今后也会有其他新工作诞生。

结束语

伴随着企业经营的变迁，作为社会人的笔者也感受到了职业生涯的变化。2006年笔者还在埃森哲时，翻译了《扁平化的世界》这本书，之后有机会参与到了推进“全球化”的工作中。之后，在新加坡地区担任了总公司组织改革的重要角色。

随着企业活动全球化的推进，活用AI和机器学习已经逐渐取代了传统的数据统计分析，成为现在企业主要的经营战略。

与网络和手机一样，AI和机器学习也渗透到我们生活的方方面面，我们在享受这些技术带来的便利。

通过阅读本书，觉得“AI带来的这些变化很有趣”“我也想参与到这些变化中来”的读者们，笔者希望我们能一起创造新的未来，也希望这本书能够推进这样的进程。

要感谢所有的客户、上司、同事和学生时代的恩师，特别是帮助出版本书的两位同事和朋友——下田伦大和池田裕章，没有大家的支持，本书就不会问世。还要感谢最爱的妻子和家人。最后，笔者想把本书献给已经过世的祖父母。

2018年3月9日　位于白金台的BrainPad办公室　韮原祐介